Abdennacer Ben Messaoud

Identification des Systèmes Linéaires

Abdennacer Ben Messaoud

Identification des Systèmes Linéaires

Exploitation des Méthodes des Sous-espaces

Presses Académiques Francophones

Imprint

Any brand names and product names mentioned in this book are subject to trademark, brand or patent protection and are trademarks or registered trademarks of their respective holders. The use of brand names, product names, common names, trade names, product descriptions etc. even without a particular marking in this work is in no way to be construed to mean that such names may be regarded as unrestricted in respect of trademark and brand protection legislation and could thus be used by anyone.

Cover image: www.ingimage.com

Publisher:
Presses Académiques Francophones
is a trademark of
International Book Market Service Ltd., member of OmniScriptum Publishing Group
17 Meldrum Street, Beau Bassin 71504, Mauritius

Printed at: see last page
ISBN: 978-3-8416-3591-4

Copyright © Abdennacer Ben Messaoud
Copyright © 2015 International Book Market Service Ltd., member of OmniScriptum Publishing Group
All rights reserved. Beau Bassin 2015

Table des matières

Introduction 1

Chapitre 1 : Méthodes classiques d'identification 3
    1.1 Introduction 4
    1.2 Problématique et notation 4
    1.3 Modèles fonction de transfert rationnelle 5
    1.4 Les méthodes d'identification basées sur l'erreur de prédiction 9
        1.4.1 Méthode des moindres carrés simples (MCS) 10
        1.4.2 Méthode des variables instrumentales (VI) 12
        1.4.3 Méthode des moindres carrés étendus (MCE) 14
    1.5 Formulations récurrentes 16
        1.5.1 Moindres carrés simples récurrents (MCSR) 17
        1.5.2 Variables instrumentales récurrentes (VIR) 18
        1.5.3 Moindres carrées étendus récurrents (MCER) 19
    1.6 Limitations des méthodes classiques et conclusion 19

Chapitre 2 : Méthodes d'identification des sous-espaces 21
    2.1 Introduction 22
    2.2 Outils mathématiques 22
        2.2.1 Matrices avec structure de Hankel 22
        2.2.2 Espace ligne et espace colonne d'une matrice 23
        2.2.3 Projection Orthogonale 23
        2.2.4 Projection Oblique 25
    2.3 Problématique 27
    2.4 Historique 28
    2.5 Les méthodes directes des sous-espaces « cas déterministe » 32

2.5.1 Interprétation géométrique de l'équation matricielle d'entrée-sortie 36
2.5.2 Extraction de Γ_i et X 38
2.5.3 Estimation des matrices d'état 40
2.6 Les méthodes directes des sous-espaces « cas stochastique » 43
   2.6.1 Interprétation géométrique de l'équation matricielle d'entrée-sortie dans le cas stochastique 44
   2.6.2 Choix de la variable instrumental 44
   2.6.3 L'algorithme N4SID 47
      2.6.3.1 Extraction de Γ_α et X_f 52
      2.6.3.2 Estimation des matrices d'état 53
   2.6.4 Théorème unifié 57
2.7 Conclusion 58

Chapitre 3 : Exemples de simulation 59
   3.1 Introduction 60
   3.2 Etude d'un système monovariable 60
      3.2.1 Influence du nombre d'échantillons et du niveau de bruit 60
      3.2.2 Influence du choix des paramètres de construction 62
   3.3 Etude d'un système multivariable 67
   3.4 Conclusion 72

Conclusion générale 73

Bibliographie 75

Table des illustrations

Figure 1.1 : Structure du modèle ARX. 6
Figure 1.2 : Structure du modèle ARMAX. 7
Figure 1.3 : Structure du modèle ARARMAX. 8
Figure 1.4 : Structure du modèle OE. 9
Figure 1.5 : Structure du modèle BJ. 9
Figure 1.6 : Modèle à moyenne ajustée « MA ». 15
Figure 2.1 : Projection orthogonale. 24
Figure 2.2 : Interprétation de la projection oblique dans un espace
de dimension 3 26
Figure 2.3 : Méthode PEM et Méthode des sous-espaces. 33
Figure 2.4 : Interprétation géométrique dans le plan déterministe. 36
Figure 2.5 : Interprétation géométrique dans le cas stochastique. 45
Figure 2.6 : Organigramme décrivant la méthode d'identification N4SID. 48
Figure 2.7 : Projection oblique des sorties futures sur les observations passées
selon les directions des entrées futures. 51
Figure 3.1 : Variation de l'erreur relative (%), ARMAX et N4SID ($f = p = 3$),
$\sigma^2 = 0.01$ (cas monovariable) 62
Figure 3.2 : Variation de l'erreur relative (%), ARMAX et N4SID ($f = p = 3$),
$\sigma^2 = 1$ (cas monovariable) 63
Figure 3.3 : Variation de la moyenne de l'erreur relative (%) pour $f = 3$
et $p \in [3, 30]$, $N = 100$ et $\sigma^2 = 0.01$ 64
Figure 3.4 : Variation de la moyenne de l'erreur relative (%) pour $f = 3$
et $p \in [3, 63]$, $N = 200$ et $\sigma^2 = 0.01$ 65
Figure 3.5 : Variation de la moyenne de l'erreur relative (%) pour $f = 155$
et $p \in [3, 11]$, $N = 500$ et $\sigma^2 = 0.01$. 65

Figure 3.6 : Variation de la moyenne de l'erreur relative (%) pour $f = 3$ et $p \in [3, 30]$, $N = 100$ et $\sigma^2 = 1$ 65

Figure 3.7 : Variation de la moyenne de l'erreur relative (%) pour $f = 3$ et $p \in [3, 63]$, $N = 200$ et $\sigma^2 = 1$ 66

Figure 3.8 : Variation de la moyenne de l'erreur relative (%) pour $f \in [3, 83]$ et $p = 83$, $N = 500$ et $\sigma^2 = 1$.. 66

Figure 3.9 : Variation de l'erreur relative (%) $N = 200$, ARX et N4SID ($f = p = 5$) (cas multivariable) 70

Figure 3.10 : Variation de l'erreur relative (%) $N = 500$, ARX et N4SID ($f = p = 5$) (cas multivariable)... 70

Figure 3.11 : Variation de l'erreur relative (%) $N = 1000$, ARX et N4SID ($f = p = 5$) (cas multivariable) 71

Tableau 2.1 : Les principaux algorithmes permettant d'estimer de manière consistante les matrices d'un modèle d'état dans un contexte stochastique.. 47

Tableau 2.2 : Ecriture unifiée des algorithmes des sous-espaces. 57

Tableau 3.1 : Valeur moyenne de l'erreur relative (%), ARMAX et N4SID ($f = p = 3$) (cas monovariable)... 63

Tableau 3.2 : Minimums globaux de la valeur moyenne de l'erreur relative (%) obtenus par l'algorithme N4SID (cas monovariable)................... 66

Tableau 3.3 : Valeur moyenne de l'erreur relative (%) et erreur de prédiction (%), ARX et N4SID ($f = p = 5$) (cas multivariable) 71

Tableau 3.4 : Minimums globaux de l'erreur de prédiction (%) et valeurs moyenne de l'erreur relative (%) obtenus par l'algorithme N4SID (cas multivariable). 72

Abréviations

ARMAX :	Auto Regressive Moving Average with eXogenous inputs
ARX :	Auto Regressive model with eXogenous inputs
BJ :	Box Jenkins
CVA :	Canonical Variate Analysis
DVS :	Décomposition en Valeurs Singulières
EP :	Erreur de Prédiction
MA :	Moyenne Ajustée
MCE :	Moindres Carrés Etendus
MCER :	Moindres Carrés Etendus Récurrents
MCS :	Moindres Carrés Simples
MCSR :	Moindres Carrés Simples Récurrents
MIMO :	Multi-Input Multi-Output
N4SID :	Numerical algorithm for SubSpace State Space IDentification
OE :	Output Error
PEM :	Prediction Error Methods
PI MOESP :	Past Input MIMO Output-Error State sPace model identification
PO MOESP :	Past Output MIMO Output-Error State sPace model identification
SBPA :	Signal Binaire Pseudo-Aléatoire
VI :	Variables Instrumentales
VIR :	Variables instrumentales récurrentes
VM :	Valeur Moyenne de l'erreur relative

Introduction

De nos jours, la construction et l'utilisation des modèles constituent des étapes incontournables pour des nombreuses disciplines scientifiques et technologiques (physique, chimie, biologie, économie. . .). La modélisation permet, en effet, de formaliser, au moins dans un certain domaine de fonctionnement, le comportement du processus étudié à l'aide d'un modèle, à partir duquel il est possible de comprendre, commander ou améliorer le fonctionnement du procédé analysé.

Ce modèle est un ensemble d'équations mathématiques qui décrit le comportement dynamique du système au cours du temps en réponse aux sollicitations générées par son environnement : entrées et perturbations. Il est constitué par une structure (par exemple une équation différentielle d'ordre 3) et par des paramètres (valeurs des coefficients de l'équation différentielle, éléments des matrices d'une équation d'état. . .).

Deux approches peuvent être envisagées pour modéliser un système :
- la première qui demande la connaissance des spécialistes du domaine considéré, consiste à regrouper, généralement sous forme de systèmes différentiels, algébriques ou graphiques, les lois et les relations de la physique qui décrivent le comportement du processus. On parle alors de modèle de connaissance.
- lorsque cette analyse interne n'est pas possible (lois internes inconnues, mesures internes impossibles ou difficiles) ou trop complexe, on est amené à considérer le système comme une boite noire. A partir de l'observation de ses entrées-sorties (comportement externe) et de mesures expérimentales, on établit, alors, la relation mathématique qui lui correspond au mieux ; on parle alors de modèle de représentation. Cette technique qui consiste à proposer une structure entre l'entrée et la sortie d'un système et à déterminer, à partir du couple entrée-sortie, les valeurs des paramètres du modèle est appelée identification.

Il est à noter que les paramètres figurants dans les modèles de présentation obtenus n'ont pas de réalité physique.

La modélisation expérimentale ou l'identification des systèmes est, donc, devenue une alternative logique à la modélisation classique fondée sur l'exploitation des lois physiques.

A partir du type de modèle utilisé, on dispose de plusieurs méthodes d'identification qui ont été développées telles que les méthodes d'erreur de prédiction et les méthodes des sous-espaces traitées dans ce document articulé sur trois chapitres essentiels qui sont les suivants :

Chapitre 1 : Méthodes classique d'identification
Ce chapitre présente les méthodes d'identification fondées sur le principe des moindres carrés tels que : la méthode des moindres carrés simples, la méthode des variables instrumentales, la méthode des moindres carrés étendus ainsi que les formulations récurrentes de ces méthodes.

Chapitre 2 : Méthodes d'identification des sous-espaces
Un état de l'art de ces méthodes fait l'objet de ce chapitre. Une présentation de leur fondement algébrique et de leur interprétation géométrique sera exposée. Une attention particulière est apportée à la méthode N4SID.

Chapitre 3 : Exemples de simulation
La mise en oeuvre des algorithmes d'identifications des sous-espaces est menée au sein de ce chapitre. Une comparaison des performances de ces méthodes (la méthode N4SID) avec celles des méthodes PEM est étudiée sur deux exemples de simulation dont le premier est dans le cas monovariable tant dis que le deuxième est dans le cas multivariable.

Chapitre 1
Méthodes classiques d'identification

Sommaire

1.1 Introduction 4
1.2 Problématique et notation 4
1.3 Modèles fonction de transfert rationnelle 5
1.4 Les méthodes d'identification basées sur l'erreur de prédiction 9
1.5 Formulations récurrentes 16
1.6 Limitations des méthodes classiques et conclusion 19

1.1 Introduction

Dés les années soixantes du dernier siècle, les techniques d'identifications des processus ont représenté un champ étendu des activités d'étude et de recherche. Parmi ces techniques, on cite les méthodes, dites classiques, qui sont basées sur l'erreur de prédiction. Ces méthodes qui mettent en œuvre l'outil statistique pour l'estimation de paramètres, se différent entre elles par les hypothèses statistiques et les modèles adoptés pour le bruit, et elles sont reliées à la méthode des moindres carrées.

On présente, dans le paragraphe suivant, la problématique traitée par ce chapitre, sous forme d'équations. Les modèles fonction de transfert existants dans la littérature forment le sujet du troisième paragraphe. Le quatrième paragraphe s'intéresse aux méthodes d'identification basées sur l'erreur de prédiction. Et on achèvera ce chapitre par une présentation des limitations des méthodes classiques d'identification et par une conclusion.

1.2 Problématique et notation

Soit un ensemble de données d'entrée-sortie discrètes sur un intervalle de temps $[1, N]$:

$$U = \{u(k)\}_{k \in [1,N]} \quad (1.1)$$

$$Y = \{y(k)\}_{k \in [1,N]} \quad (1.2)$$

$$Z = \{U, Y\} \quad (1.3)$$

On cherche un modèle du procédé étudié sous forme d'une relation liant les entrées et les sorties accessibles à l'instant k. Cette relation peut être représentée par :

$$y_m(k) = f(U, Y) \quad (1.4)$$

pour laquelle $y_m(k)$ est la sortie prédite du modèle au $k^{\text{ème}}$ pas d'échantillonnage et f une fonction traduisant le lien implicite existant entre les données. Et puisque on ne considère, dans la suite de ce manuscrit, que des modèles paramétriques, l'expression précédente peut être ajustée de la façon suivante :

$$f(U,Y) = f(\varphi(k),\theta) \tag{1.5}$$

où θ est un vecteur de paramètres de dimension finie et $\varphi(k)$ un vecteur de régression permettant de sélectionner les observations utiles à la description du modèle parmi les données U et Y.

On cherche, alors, l'estimée du vecteur de paramètres $\hat{\theta}$ qui réaliserait les deux propriétés suivantes :
- reproduire asymptotiquement le comportement d'entrée-sortie du système, soit :

$$\lim_{N \to \infty} \left(y(N) - \hat{y}_m(N) \right) = 0 \text{ avec une probabilité de } 1 \tag{1.6}$$

($\hat{y}_m$ est la sortie prédite estimée du modèle) ;
- converger fortement vers les vrais paramètres, soit :

$$\lim_{N \to \infty} \hat{\theta}(N) = \theta \text{ avec une probabilité de } 1. \tag{1.7}$$

1.3 Modèles fonction de transfert rationnelle

Tout système linéaire discret, monovariable, stochastique et invariant dans le temps peut être représenté par une fonction dite de transfert rationnelle dont la forme générale est :

$$y(k) = G(q^{-1}) u(k) + H(q^{-1}) e(k) \tag{1.8}$$

où :
- u est l'entrée de commande ;
- e est une perturbation qui agit également sur le système, mais qui est en général non contrôlable par l'utilisateur ;
- y est la sortie i.e. une variable mesurable qui caractérise l'action du procédé sur son environnement ;
- $G(q^{-1})$ fonction de transfert du procédé ;
- $H(q^{-1})$ fonction de transfert de la perturbation.

La représentation de $G(q^{-1})$ et $H(q^{-1})$ sous la forme des fonctions rationnelles permet d'avoir plusieurs modèles [Lju99] dont la structure de modèle généralisée est :

$$A(q^{-1})y(k) = \frac{B(q^{-1})}{F(q^{-1})}u(k) + \frac{C(q^{-1})}{D(q^{-1})}e(k) \qquad (1.9)$$

avec $A(q^{-1})$, $B(q^{-1})$, $C(q^{-1})$, $D(q^{-1})$ et $F(q^{-1})$ sont des polynômes.

Les modèles les plus connus sont :

> **Modèles ARX :**

Ce modèle forme les très simples relations entre l'entrée et la sortie du processus [Lju99]. Il est obtenu en décrivant ces relations comme équation différentielle linéaire :

$$A(q^{-1})y(k) = B(q^{-1})u(k) + e(k) \qquad (1.10)$$

avec :
$$A(q^{-1}) = 1 + a_1 q^{-1} + ... + a_{n_a} q^{-n_a} \qquad (1.11)$$

et
$$B(q^{-1}) = b_1 q^{-1} + ... + b_{n_b} q^{-n_b} \qquad (1.12)$$

Ce modèle est appelé aussi modèle d'erreur d'équation car le terme d'erreur (ou de perturbation) $e(k)$ entre comme erreur directe dans l'équation différentielle (figure 1.1).

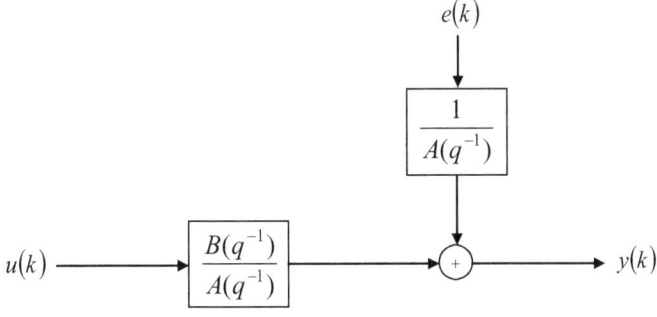

Figure 1.1 : Structure du modèle ARX.

> **Modèles ARMAX :**

L'inconvénient de base du modèle simple ARX est le manque de liberté adéquate pour décrire les propriétés du terme de perturbation. Par l'écriture de l'erreur d'équation comme moyenne ajustée de bruit blanc, une flexibilité s'ajoute et un nouveau modèle aura lieu. C'est le modèle dit ARMAX dont la structure est :

$$A(q^{-1})y(k) = B(q^{-1})u(k) + C(q^{-1})e(k) \tag{1.13}$$

avec :
$$C(q^{-1}) = 1 + c_1 q^{-1} + \ldots + c_{n_c} q^{-n_c} \tag{1.14}$$

La structure de ce modèle est illustrée sur la figure 1.2.

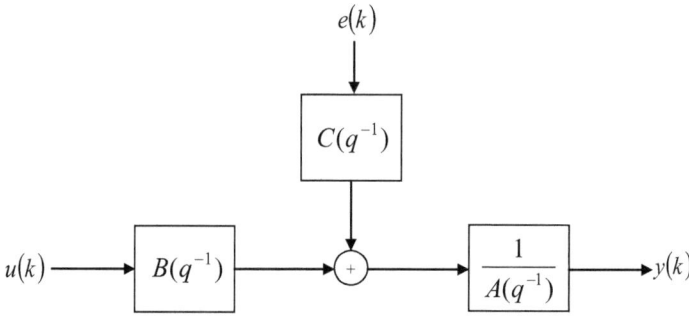

Figure 1.2 : Structure du modèle ARMAX.

> **Modèle ARARMAX :**

Si cette fois-ci l'erreur d'équation du modèle ARX est décrite comme un modèle autorégressif à moyenne ajustée, on obtient le modèle appelé ARARMAX suivant (figure 1.3) :

$$A(q^{-1})y(k) = B(q^{-1})u(k) + \frac{C(q^{-1})}{D(q^{-1})}e(k) \tag{1.15}$$

avec :
$$D(q^{-1}) = 1 + d_1 q^{-1} + \ldots + d_{n_d} q^{-n_d} \tag{1.16}$$

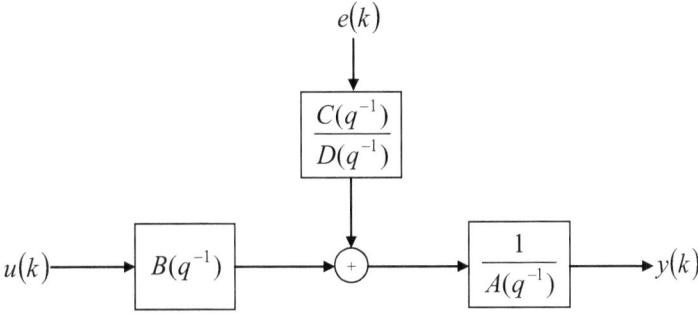

Figure 1.3 : Structure du modèle ARARMAX.

> **Modèle OE (Output Error) :**

Tous les structures des modèles d'erreur d'équation correspondent à des descriptions où les fonctions de transfert $G(q^{-1})$ et $H(q^{-1})$ ont le polynôme $A(q^{-1})$ comme facteur commun dans les dénominateurs. D'un point de vue physique, il peut sembler plus naturel de paramétriser indépendamment ces fonctions de transfert.
Si on suppose que la relation entre l'entrée et la sortie non perturbée peut être écrite comme équation différentielle linéaire, et que les perturbations se composent du bruit blanc de mesure, alors on obtient la description suivante :

$$w(k)+ f_1\, w(k-1)+\ldots+ f_{n_f} w(k-n_f)= b_1\, u(k-1)+\ldots+ b_{n_b} u(k-n_b) \qquad (1.17)$$

$$y(k)= w(k)+ e(k) \qquad (1.18)$$

Et avec :
$$F(q^{-1})=1+ f_1 q^{-1} +\ldots+ f_{n_f} q^{-n_f} \qquad (1.19)$$

on peut écrire le modèle sous la forme :

$$y(k)=\frac{B(q^{-1})}{F(q^{-1})} u(k)+ e(k) \qquad (1.20)$$

La structure du ce modèle est donnée sur la figure 1.4.

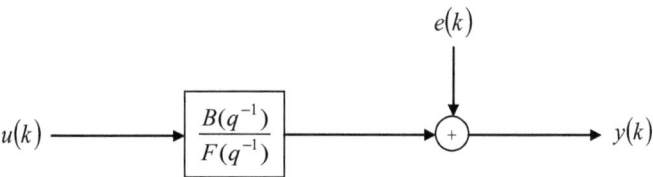

Figure 1.4 : Structure du modèle OE.

> **Modèle BJ (Box Jenkins) :**

Le BJ est un modèle d'erreur de sortie dont l'erreur de sortie est décrite comme un modèle autorégressif à moyenne ajustée (figure 1.5).

$$y(k) = \frac{B(q^{-1})}{F(q^{-1})} u(k) + \frac{C(q^{-1})}{D(q^{-1})} e(k) \tag{1.21}$$

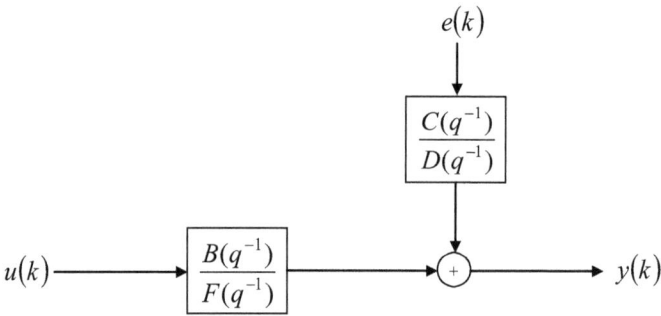

Figure 1.5 : Structure du modèle BJ.

1.4 Les méthodes d'identification basées sur l'erreur de prédiction

Ces méthodes, appelées aussi méthodes des moindres carrées, considèrent l'erreur d'équation $e(k)$ comme un bruit de mesures entre la sortie réelle et la sortie prédite :

$$y(k) - \hat{y}_m(k) = e(k) \tag{1.22}$$

Leur usage est réservé à l'étude des modèles conduisant à une relation de régression entre les variables observées, les bruits et le vecteur des paramètres inconnus.
De nombreuses techniques d'identification basées sur l'erreur de prédiction ont été proposées dans la littérature. On présentera dans la suite :
- la méthode des moindres carrés simples ;
- la méthode des variables instrumentales ;
- la méthode des moindres carrés étendus.

1.4.1 Méthode des moindres carrés simples (MCS)

Cette méthode est relative au type de modèle ARX décrit par la relation suivante :

$$A(q^{-1})\,y(k) = B(q^{-1})\,u(k) + e(k) \qquad (1.23)$$

Ce modèle conduit à une relation de régression linéaire (le vecteur de régression ne dépend pas des paramètres du système) :

$$y(k) = \varphi^T(k)\theta + e(k) \qquad (1.24)$$

avec :

$$\varphi^T(k) = \left[-y(k-1) \; \cdots \; -y(k-n_a) \; u(k-1) \; \cdots \; u(k-n_b)\right] \qquad (1.25)$$

$$\theta^T = \left[a_1 \; \cdots \; a_{n_a} \; b_1 \; \cdots \; b_{n_b}\right] \qquad (1.26)$$

où : n_a et n_b sont respectivement les ordres des polynômes $A(q^{-1})$ et $B(q^{-1})$.
La sélection du vecteur de paramètres, qui permet le meilleur ajustement de la sortie du modèle à la sortie du système, peut être réalisée au sens des moindres carrés par l'estimateur $\hat{\theta}_N$ qui minimise le critère quadratique :

$$V_N(\theta) = \frac{1}{N}\sum_{k=1}^{N}\tfrac{1}{2}\varepsilon^2(k,\theta) \qquad (1.27)$$

pour lequel l'erreur de prédiction $\varepsilon(k,\theta)$ est définie par :

$$\varepsilon(k,\theta) = y(k) - \varphi^T(k)\theta \qquad (1.28)$$

Puisque $V_N(k)$ est quadratique en θ et, donc, strictement convexe, le minimum est obtenu en annulant sa dérivée et l'estimateur des moindres carrés est le suivant :

$$\hat{\theta}_N = \left[\frac{1}{N}\sum_{k=1}^{N}\varphi(k)\varphi^T(k)\right]^{-1}\left[\frac{1}{N}\sum_{k=1}^{N}\varphi(k)y(k)\right] \qquad (1.29)$$

- **Biais asymptotique de l'estimateur en présence de perturbations**

La méthode des moindres carrés est la méthode la plus simple à utiliser. Cependant, elle fournit fréquemment une estimation du vecteur des paramètres asymptotiquement biaisée. Afin de mettre en évidence ce biais d'estimation, considérons de nouveau la régression linéaire suivante :

$$y(k) = \varphi^T(k)\theta + e(k) \qquad (1.30)$$

En introduisant cette équation au sein de la relation (1.29), nous obtenons :

$$\hat{\theta}_N = \theta + \left[\frac{1}{N}\sum_{k=1}^{N}\varphi(k)\varphi^T(k)\right]^{-1}\left[\frac{1}{N}\sum_{k=1}^{N}\varphi(k)e(k)\right] \qquad (1.31)$$

L'estimation du vecteur des paramètres sera, donc, asymptotiquement non biaisée si et seulement si :

$$E\{\varphi(k)e(k)\} = 0 \qquad (1.32)$$

c'est à dire si φ et e sont décorrélés. L'estimateur des moindres carrés est donc asymptotiquement non biaisé uniquement lorsque e est un bruit blanc gaussien.
Pour remédier à cette restriction, plusieurs algorithmes ont été développés [BDRRZ01].
L'idée commune à ces différentes techniques est la suivante :
Pour $\hat{\theta} = \theta$, l'erreur d'équation vaut :

$$\varepsilon(k) = e(k) \qquad (1.33)$$

Ainsi, pour avoir $\hat{\theta}_N = \theta$ quand $N \to \infty$, il suffit que :

$$E\{\varphi(k)\varepsilon(k)\} = 0 \qquad (1.34)$$

Une estimation asymptotiquement non biaisée peut alors être obtenue dans les cas suivants :

- l'erreur d'équation est un bruit blanc pour $\hat{\theta} = \theta$;
- le vecteur des observations et l'erreur d'équation sont non corrélés pour $\hat{\theta} = \theta$.

On peut, donc, distinguer deux types de méthodes d'estimation fournissant des paramètres asymptotiquement non biaisés :

- les méthodes basées sur le blanchissement de l'erreur d'équation ;
- les méthodes fondées sur la décorrélation observation-erreur d'équation.

Les techniques les plus connues sont les moindres carrés étendus, les moindres carrés généralisés, la méthode du maximum de vraisemblance et la méthode des variables instrumentales. Il n'y a malheureusement aucun algorithme d'estimation paramétrique capable de fournir des estimées asymptotiquement non biaisées pour tout type de modèle de bruit. Au contraire, pour chaque structure de modèle, il existe une ou plusieurs techniques aboutissant à des résultats consistants. Le choix de la méthode utilisée dépend, donc, du système, de la structure du modèle et de la nature du bruit. On développera, par la suite, deux d'entre elles : la méthode des variables instrumentales comme étant une des méthodes fondées sur la décorrélation observation-erreur d'équation et la méthode des moindres carrés étendus comme étant une des méthodes basées sur le blanchissement de l'erreur d'équation.

1.4.2 Méthode des variables instrumentales (VI)

Au sein de la section précédente, il a été mis en évidence que l'estimateur des moindres carrés fournissait des estimées asymptotiquement biaisées en présence de perturbations non blanches. Différentes solutions ont été développées pour résoudre ce problème. Parmi celles-ci, la méthode de la variable instrumentale a connu une attention particulière puisqu'elle peut être facilement considérée comme une simple modification des moindres carrés.

Toutes les techniques basées sur l'utilisation de la variable instrumentale exploitent la propriété suivante : les signaux déterministes présentent des séquences de corrélation temporelle infinies tandis que les signaux stochastiques possèdent des séquences de corrélation temporelle bornées [Mer04]. En conséquence, les composantes de bruit au sein de la matrice d'intercorrélation formée à partir du vecteur de régression à l'instant k et d'une version retardée de ce dernier sont réduites de manière significative, à condition, bien sûr, que le signal et le bruit soient statistiquement indépendants et que le retard au sein du vecteur de régression décalé soit supérieur à la longueur de corrélation du bruit.

L'idée générale des méthodes de la variable instrumentale consiste, donc, à créer un nouveau vecteur de régression ξ qui soit fortement corrélé avec les données non perturbées mais non corrélé avec le bruit. En effet, la condition d'excitation persistante :

$$\mathrm{E}\{\xi(k)\varphi(k)\} \text{ régulière} \qquad (1.35)$$

nécessite que φ et ξ soient suffisamment corrélées, alors que la condition de consistance de l'estimateur :

$$\mathrm{E}\{\xi(k)e(k)\} = 0 \qquad (1.36)$$

requiert que ξ et e soient indépendantes et centrées. Or, on sait que :

$$e = \varepsilon \qquad (1.37)$$

pour $\hat{\theta} = \theta$. On recherche, donc, une variable instrumentale telle que :

$$\mathrm{E}\{\xi(k)\varepsilon(k,\theta)\} = 0. \qquad (1.38)$$

Le critère quadratique à minimiser sera donc :

$$V_N(\theta) = \frac{1}{N}\sum_{k=1}^{N}\tfrac{1}{2}[\xi(k)\varepsilon(k,\theta)]^2 = \frac{1}{N}\sum_{k=1}^{N}\tfrac{1}{2}[\xi(k)(y(k) - \varphi^T(k)\theta)]^2 \qquad (1.39)$$

Et si la dimension du vecteur instrumental ξ soit égale au nombre de paramètres à déterminer, en supposant que la condition d'excitation persistante soit vérifiée, la matrice :

$$\left[\frac{1}{N}\sum_{k=1}^{N}\xi(k)\varphi^{T}(k)\right] \qquad (1.40)$$

est inversible et l'estimateur $\hat{\theta}_N$ qui minimise le critère est donné par :

$$\hat{\theta}_N = \left[\frac{1}{N}\sum_{k=1}^{N}\xi(k)\varphi^{T}(k)\right]^{-1}\left[\frac{1}{N}\sum_{k=1}^{N}\xi(k)y(k)\right] \qquad (1.41)$$

Un dernier problème concerne le choix des éléments formant le vecteur ξ. Dans la littérature on distingue plusieurs techniques pour générer ces instruments [BDRRZ01] :
- la variable instrumental des entrées pour laquelle :

$$\xi^{T}(k) = \left[\, u(k-1)\ u(k-2)\ \cdots\ u(k-n_a-n_b)\,\right] \qquad (1.42)$$

- la variable instrumental à sorties retardées pour laquelle :

$$\xi^{T}(k) = \left[\, -y(k-m-1)\ \cdots\ -y(k-m-n_a)\ u(k-1)\ \cdots\ u(k-n_b)\,\right] \qquad (1.43)$$

où le retard m est supérieur aux nombres d'échantillons sur lesquels l'autocorrélation des erreurs d'équation est non nulle.
- la variable instrumental à entrées-sorties retardées pour laquelle :

$$\xi^{T}(k) = \left[\, -y(k-m-1)\ \cdots\ -y(k-m-n_a)\ u(k-1-m)\ \cdots\ u(k-m-n_b)\,\right] \qquad (1.44)$$

où m est choisi comme précédemment.

1.4.3 Méthode des moindres carrés étendus (MCE)

On développera dans cette section une deuxième méthode d'estimation fournissant des paramètres asymptotiquement non biaisés. Cette méthode est basée sur le blanchissement de l'erreur d'équation. C'est la méthode des moindres carrées étendus.

La méthode des moindres carrées étendus est l'une des techniques qui utilisent un changement de modèle en exploitant la propriété suivante : très souvent, en pratique, les perturbations stochastiques (non reproductibles) peuvent être approximées avec une précision acceptable par un bruit blanc discret passé à travers un filtre stable [ABKM01].

Si l'erreur d'équation du modèle (1.23) est choisie comme la sortie d'un modèle à moyenne ajustée dont l'entrée est un bruit blanc $b(k)$ (voir figure 1.6), la structure résultante est un ARMAX :

$$A(q^{-1})y(k) = B(q^{-1})u(k) + C(q^{-1})b(k) \qquad (1.45)$$

avec :
$$C(q^{-1}) = 1 + c_1 q^{-1} + \ldots + c_{n_c} q^{-n_c} \qquad (1.46)$$

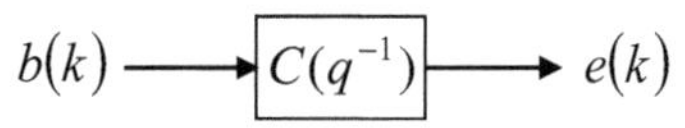

$$b(k) \longrightarrow \boxed{C(q^{-1})} \longrightarrow e(k)$$

Figure 1.6 : Modèle à moyenne ajustée « MA ».

Ce dernier modèle conduit à la relation de régression suivante :

$$y(k) = \varphi^T(k)\theta + b(k) \qquad (1.47)$$

avec $\varphi^T(k)$ est le vecteur de régression :

$$\varphi^T(k) = \begin{bmatrix} -y(k-1) & \cdots & -y(k-n_a) & u(k-1) & \cdots & u(k-n_b) & b(k-1) & \cdots & b(k-n_c) \end{bmatrix} \qquad (1.48)$$

et θ est le vecteur des paramètres à estimer :

$$\theta^T = \begin{bmatrix} a_1 & a_2 & \cdots & a_{n_a} & b_1 & b_2 & \cdots & b_{n_b} & c_1 & c_2 & \cdots & c_{n_c} \end{bmatrix} \qquad (1.49)$$

Sachant que l'erreur de prédiction est définie par :

$$\varepsilon(k,\theta) = y(k) - \varphi^T(k)\theta \tag{1.50}$$

le vecteur de régression dépend, donc, des paramètres du système et la relation de régression est non-linéaire :

$$y(k) = \varphi^T(k,\theta)\theta + b(k) \tag{1.51}$$

$$\varphi^T(k,\theta) = \left[-y(k-1)\cdots -y(k-n_a)\ u(k-1)\cdots u(k-n_b)\ \varepsilon(k-1,\theta)\cdots \varepsilon(k-n_c,\theta)\right] \tag{1.52}$$

En appliquant la méthode des moindres carrées à partir d'une estimation à l'étape i de l'erreur de prédiction que l'on notera $\varepsilon^{(i)}(k,\theta)$, l'estimée de θ est le suivant :

$$\hat{\theta}_N^{(i)} = \left[\frac{1}{N}\sum_{k=1}^{N}\varphi^{(i)}(k,\theta)\left(\varphi^{(i)}(k,\theta)\right)^T\right]^{-1}\left[\frac{1}{N}\sum_{k=1}^{N}\varphi^{(i)}(k,\theta)y(k)\right] \tag{1.53}$$

qui permet de construire une nouvelle estimation de l'erreur de prédiction :

$$\varepsilon^{(i+1)}(k,\theta) = y(k) - \left(\varphi^{(i)}(k,\theta)\right)^T \hat{\theta}^{(i)} \tag{1.54}$$

A partir de la nouvelle valeur de l'écart de prédiction, on construit un nouveau vecteur de régression $\varphi^{(i+1)}(k,\theta)$ qui conduit à l'estimation $\hat{\theta}^{(i+1)}$ des paramètres. La méthode des moindres carrés étendus se présente, donc, comme un algorithme récursif dans lequel sont mis à jours, à chaque étape, les erreurs de prédiction.

1.5 Formulations récurrentes

On présentera dans cette partie, la formulation récurrente des algorithmes d'identification de la partie précédente. Le traitement séquentiel des informations permet une mise à jour de l'estimation des paramètres lorsque les caractéristiques du système ou des bruits évoluent au cours du temps.

1.5.1 Moindres carrés simples récurrents (MCSR)

Connaissant une nouvelle mesure à l'instant t, l'expression (1.29) de l'estimateur (MCS) donne [Mer04] :

$$\hat{\theta}(t) = \left[\frac{1}{t}\sum_{k=1}^{t}\varphi(k)\varphi^{T}(k)\right]^{-1}\left[\frac{1}{t}\sum_{k=1}^{t}\varphi(k)y(k)\right] \quad (1.55)$$

$$= \left[\sum_{k=1}^{t-1}\varphi(k)\varphi^{T}(k) + \varphi(t)\varphi^{T}(t)\right]^{-1}\left[\sum_{k=1}^{t-1}\varphi(k)y(k) + \varphi(t)y(t)\right]$$

L'utilisation du lemme d'inversion matricielle :

$$(A + BCD)^{-1} = A^{-1} - A^{-1}B(C^{-1} + DA^{-1}B)^{-1}DA^{-1} \quad (1.56)$$

permet d'écrire :

$$\left[\sum_{k=1}^{t-1}\varphi(k)\varphi^{T}(k) + \varphi(t)\varphi^{T}(t)\right]^{-1} = \left[\sum_{k=1}^{t-1}\varphi(k)\varphi^{T}(k)\right]^{-1} \quad (1.57)$$

$$- \left[\sum_{k=1}^{t-1}\varphi(k)\varphi^{T}(k)\right]^{-1}\varphi(t)\left[1 + \varphi^{T}(t)\left(\sum_{k=1}^{t-1}\varphi(k)\varphi^{T}(k)\right)^{-1}\varphi(t)\right]^{-1}\varphi^{T}(t)\left(\sum_{k=1}^{t-1}\varphi(k)\varphi^{T}(k)\right)$$

Il est aisé, donc, de construire la forme récursive de l'estimateur des moindres carrés :

$$\hat{\theta}(t) = \hat{\theta}(t-1) + P(t)\varphi(t)\varepsilon_{0}(t) \quad (1.58.a)$$

$$\varepsilon_{0}(t) = y(t) - \varphi^{T}(t)\hat{\theta}(t-1) \quad (1.58.b)$$

$$P(t) = \left[\sum_{k=1}^{t}\varphi(k)\varphi^{T}(k)\right]^{-1} = P(t-1) - \frac{P(t-1)\varphi(t)\varphi^{T}(t)P(t-1)}{1 + \varphi^{T}(t)P(t-1)\varphi(t)} \quad (1.58.c)$$

Pour laquelle ε_{0} est l'erreur de prédiction a priori. Il est important de remarquer que l'erreur d'estimation a posteriori $\varepsilon(t) = y(t) - \varphi^{T}(t)\hat{\theta}(t)$ vérifie :

$$\varepsilon(t) \leq \varepsilon_{0}(t) \quad (1.59)$$

Cette équation montre que le processus d'identification est affiné en temps réel au fur et à mesure que des nouvelles informations sont acquises.

En examinant l'algorithme (1.58), on peut constater que la trace de la matrice du gain d'adaptation $P(t)$ est décroissante [ABKM01]. Cette décroissance se traduit par une ignorance progressive des nouvelles observations auxquelles on affecte des pondérations de plus en plus faibles. Cet algorithme ne conviendra pas, donc, à l'estimation de paramètres variants dans le temps.

Pour résoudre ce problème, une version pondérée de l'algorithme récursif des moindres carrés a été proposée :

$$\hat{\theta}(t) = \hat{\theta}(t-1) + P(t)\varphi(t)\varepsilon_0(t) \qquad (1.60.a)$$

$$\varepsilon_0(t) = y(t) - \varphi^T(t)\hat{\theta}(t-1) \qquad (1.60.b)$$

$$P(t) = \frac{1}{\lambda_1(t)}\left[P(t-1) - \frac{P(t-1)\varphi(t)\varphi^T(t)P(t-1)}{\frac{\lambda_1(t)}{\lambda_2(t)} + \varphi^T(t)P(t-1)\varphi(t)}\right] \qquad (1.60.c)$$

où : $\lambda_1(t)$ et $\lambda_2(t)$ sont deux facteurs d'oubli, tels que :

$$0 < \lambda_1(t) \leq 1 \text{ est le facteur de croissance} \qquad (1.61)$$

et $\qquad 0 \leq \lambda_2(t) < 2$ est le facteur de décroissance. $\qquad (1.62)$

1.5.2 Variables instrumentales récurrentes (VIR)

Rappelons que l'estimation de paramètres par la méthode instrumentale, à l'instant t, a la forme :

$$\begin{aligned}\hat{\theta}(t) &= \left[\frac{1}{t}\sum_{k=1}^{t}\xi(k)\varphi^T(k)\right]^{-1}\left[\frac{1}{t}\sum_{k=1}^{t}\xi(k)y(k)\right] \\ &= \left[\sum_{k=1}^{t}\xi(k)\varphi^T(k)\right]^{-1}\left[\sum_{k=1}^{t}\xi(k)y(k)\right]\end{aligned} \qquad (1.63)$$

où : ξ est le vecteur instrumental.

L'application du lemme d'inversion matricielle à

$$P_{VI}(t) = \left[\sum_{k=1}^{t}\xi(k)\varphi^T(k)\right]^{-1} = \left[\sum_{k=1}^{t-1}\xi(k)\varphi^T(k) + \xi(t)\varphi^T(t)\right]^{-1} \qquad (1.64)$$

permet, donc, d'obtenir aisément l'algorithme d'identification récursive suivant :

$$\hat{\theta}(t) = \hat{\theta}(t-1) + P_{VI}(t)\xi(t)\varepsilon_0(t) \quad (1.65.a)$$

$$\varepsilon_0(t) = y(t) - \varphi^T(t)\hat{\theta}(t-1) \quad (1.65.b)$$

$$P_{VI}(t) = P_{VI}(t-1) - \frac{P_{VI}(t-1)\xi(t)\varphi^T(t)P(t-1)}{1 + \varphi^T(t)P_{VI}(t-1)\xi(t)} \quad (1.65.c)$$

1.5.3 Moindres carrées étendus récurrents (MCER)

En utilisant le modèle ARMAX, l'algorithme récursif des moindres carrées étendus est donné par :

$$\hat{\theta}(t) = \hat{\theta}(t-1) + P(t)\varphi(t)\varepsilon_0(t) \quad (1.66.a)$$

$$\varepsilon_0(t) = y(t) - \varphi^T(t)\hat{\theta}(t-1) \quad (1.66.b)$$

$$P(t) = P(t-1) - \frac{P(t-1)\varphi(t)\varphi^T(t)P(t-1)}{1 + \varphi^T(t)P(t-1)\varphi(t)} \quad (1.66.c)$$

avec :
$$\varphi^T(k) = [-y(k-1) \cdots -y(k-n_a) \ u(k-1) \cdots u(k-n_b) \ b(k-1) \cdots b(k-n_c)] \quad (1.67)$$

et
$$\hat{\theta}^T(t) = \left[\hat{a}_1(t) \cdots \hat{a}_{n_a}(t) \ \hat{b}_1(t) \cdots \hat{b}_{n_a}(t) \ \hat{c}_1(t) \cdots \hat{c}_{n_a}(t)\right] \quad (1.68)$$

1.6 Limitations des méthodes classiques et conclusion

Les algorithmes exposés au sein de ce chapitre présentent malheureusement quelques inconvénients qui les rendent difficilement applicables dans certaines situations pratiques.
- La première, qui est certainement la plus contraignante pour l'utilisateur, est que de nombreuses techniques ont été proposées pour fonctionner exclusivement sur une structure de modèle du procédé et de bruit bien spécifique. Il est, donc, fondamental d'avoir une bonne connaissance a priori du système étudié pour correctement choisir l'algorithme à appliquer.

- La grande majorité des méthodes classiques d'identification ont été développées pour des systèmes monovariables. Il est théoriquement possible de les appliquer à des procédés multivariables. Cependant, pour un système multi-entrées multi-sorties, l'utilisation de représentations polynomiales n'est pas évidente.
- Comme toute technique basée sur des fonctions de transfert, les méthodes classiques demandent de fixer a priori un grand nombre de paramètres i.e. les degrés des numérateurs et dénominateurs des fonctions de transfert des modèles de processus et de bruit ainsi que le retard relatif pour chaque couple d'entrée-sortie. Il est, alors, souvent nécessaire de surdimensionner les fonctions de transfert afin de ne négliger aucune bande de fréquences de la dynamique du système.
- Ces algorithmes ne permettent pas d'avoir un accès direct à des variables telles que l'état du système, variables particulièrement utiles en filtrage (Luenberger, Kalman) ou en commande optimale.

Ces difficultés sont principalement liées à la structure du modèle utilisé par l'approche entrée-sortie : la fonction de transfert. Il est, donc, important de développer des nouveaux algorithmes d'identification fondés sur des écritures de modèle plus compactes. L'approche d'état s'est avérée être une alternative intéressante aux représentations externes de type polynomial. Cette approche, qui évite d'utiliser des formes canoniques, présente le grand intérêt de ne nécessiter la connaissance que d'un unique paramètre : l'ordre du système.

Ce constat a motivé le développement de nombreux algorithmes d'identification [Vib95], regroupés sous la dénomination de méthodes des sous-espaces, pour identifier directement un modèle d'état du procédé sans avoir recours à une représentation entrée-sortie intermédiaire.

Dans le chapitre 2, on présentera un état de l'art des méthodes des sous-espaces.

Chapitre 2

Méthodes d'identification des sous-espaces

Sommaire

2.1 Introduction	22
2.2 Outils mathématiques	22
2.3 Problématique	27
2.4 Historique	28
2.5 Les méthodes directes des sous-espaces « cas déterministe »	32
2.6 Les méthodes directes des sous-espaces « cas stochastique »	43
2.7 Conclusion	58

2.1 Introduction

Au cours des trois dernières décennies, de nombreux auteurs [MDVV89, Ver94, VD92a, VD92b, VD94, Vib95, VD96] ont proposé plusieurs algorithmes d'identification alternatifs aux techniques traditionnelles d'erreur de prédiction [Lju99] : les méthodes des sous-espaces. Contrairement aux techniques « classiques » d'identification, les méthodes des sous-espaces ne nécessitent aucun algorithme d'optimisation non linéaire. Elles s'inspirent de la théorie de la réalisation et ont pour objectif de fournir un modèle d'état discret, linéaire et invariant du système étudié. Ce modèle est estimé directement à partir des données d'entrée-sortie acquises, sans calcul préalable d'une représentation externe du procédé, en ajustant un ou plusieurs sous-espaces vectoriels aux mesures d'entrée et de sortie. La représentation d'état, utilisée dans ces méthodes, permet en outre d'aborder de manière simple et avec élégance le problème d'identification des systèmes linéaires MIMO.

Ce chapitre commence par une présentation des outils mathématiques utilisés par les méthodes des sous-espaces. La problématique liée à l'identification directe sous forme d'état est présentée au deuxième paragraphe. Le troisième paragraphe présente la théorie de la réalisation. L'objet du quatrième paragraphe est de présenter les méthodes des sous-espaces dans le cas déterministe. Le cas stochastique sera présenté dans le cinquième paragraphe.

2.2 Outils mathématiques

Les méthodes d'identification des sous-espaces sont basées sur des outils de l'algèbre linéaire. Elles utilisent notamment les projections matricielles tels que la projection orthogonal et la projection oblique [Trn07].

2.2.1 Matrices avec structure de Hankel

Les matrices avec structure de Hankel jouent un rôle important dans les méthodes des sous-espaces. Les signaux d'entrée-sortie et les signaux de bruit apparaissent dans les algorithmes sous la forme des matrices de Hankel. Par conséquent, la première étape de chaque algorithme consiste à arranger les données disponibles dans des matrices de Hankel.

Une matrice carrée ou non carrée $A \in \Re^{m \times l}$ avec structure de Hankel est une matrice dont les valeurs sont constantes le long des diagonales ascendantes (antidiagonales), c'est-à-dire dont les indices vérifient la relation $a_{i,j} = a_{i-1,j+1}$. La matrice A, avec la structure de Hankel, peut être créée à partir d'une séquence $\{a_1 \cdots a_{m+l+1}\}$ avec $m+l+1$ éléments :

$$A = \begin{pmatrix} a_1 & a_2 & a_3 & \cdots & a_m \\ a_2 & a_3 & a_4 & \cdots & a_{m+1} \\ a_3 & a_4 & a_5 & \cdots & a_{m+2} \\ \vdots & \vdots & \vdots & \ddots & \vdots \\ a_m & a_{m+1} & a_{m+2} & \cdots & a_{m+l-1} \end{pmatrix} \quad (2.1)$$

2.2.2 Espace ligne et espace colonne d'une matrice

L'espace ligne d'une matrice $A \in \Re^{m \times l}$ est le sous-espace vectoriel de $\Re^l$ engendré par les vecteurs lignes de A et noté $lig(A)$.

De même, l'espace colonne d'une matrice $A \in \Re^{m \times l}$ est le sous-espace vectoriel de $\Re^m$ engendré par les vecteurs colonnes de A et noté $col(A)$.

2.2.3 Projection Orthogonale

Considérons l'opération de projection de l'espace ligne d'une matrice $A \in \Re^{m \times j}$ sur l'espace ligne d'une matrice $B \in \Re^{l \times j}$ avec $j \geq \max(m,l)$[1]. Si cette projection est orthogonale, elle est définie par la relation suivante :

$$A/B = AB^T \left(BB^T \right)^\dagger B \quad (2.2)$$

où $X^\dagger$ est la pseudo inverse de Moore-Penrose de la matrice X.

On peut réécrire cette relation en utilisant un operateur appliqué à droite de A qui est défini comme suit :

$$\Pi_B = B^T \left(BB^T \right)^\dagger B \quad (2.3)$$

On obtient la relation suivante :

---

[1] Les lignes des matrices A et B constituent une base pour l'espace vectoriel de dimension j.

$$A/B = A\Pi_B \tag{2.4}$$

Comme il s'agit d'une projection dans l'espace ligne de la matrice B, le résultat A/B est dans l'espace ligne de B.

De même, il est possible de projeter l'espace ligne de la matrice A dans l'espace ligne orthogonal de l'espace ligne de la matrice B par l'opérateur noté $\Pi_{B^\perp}$:

$$\Pi_{B^\perp} = I - \Pi_B \Leftrightarrow \Pi_B + \Pi_{B^\perp} = I \tag{2.5}$$

et
$$A/B^\perp = A\Pi_{B^\perp} = A(I - \Pi_B) = A(I - B^T(BB^T)^\dagger B) \tag{2.6}$$

Les projections A/B et $A/B^\perp$ décomposent la matrice A en deux matrices dont les espaces lignes sont orthogonaux (figure 2.1) :

$$A = A/B + A/B^\perp = A\Pi_B + A\Pi_{B^\perp} \tag{2.7}$$

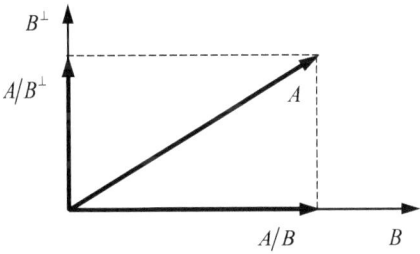

Figure 2.1 : Projection orthogonale.

Un moyen de calcul efficace et robuste de ces projections consiste à effectuer une factorisation RQ de la matrice $\begin{pmatrix} B \\ A \end{pmatrix}$ [VD96]. Cette factorisation est définie par l'équation matricielle suivante :

$$\begin{pmatrix} B \\ A \end{pmatrix} = RQ = \begin{pmatrix} R_{11} & 0 \\ R_{21} & R_{22} \end{pmatrix} \begin{pmatrix} Q_1 \\ Q_2 \end{pmatrix} \tag{2.8}$$

où $R \in \Re^{(m+l)\times(m+l)}$ est une matrice triangulaire inférieure, avec $R_{11} \in \Re^{l\times l}$, $R_{21} \in \Re^{m\times l}$ $R_{22} \in \Re^{m\times m}$ et $Q \in \Re^{(m+l)\times j}$ est une matrice orthogonale, avec $Q_1 \in \Re^{l\times j}$ et $Q_2 \in \Re^{m\times j}$, c'est-à-dire :

$$QQ^T = \begin{pmatrix} Q_1 \\ Q_2 \end{pmatrix}\begin{pmatrix} Q_1^T & Q_2^T \end{pmatrix} = \begin{pmatrix} I_l & 0 \\ 0 & I_m \end{pmatrix} \qquad (2.9)$$

Les représentations matricielles des projections orthogonales sont données, donc, par :

$$A/B = R_{21}Q_1 \qquad (2.10)$$
$$A/B^\perp = R_{22}Q_2 \qquad (2.11)$$

2.2.4 Projection Oblique

Au lieu de décomposer les lignes de la matrice $A \in \Re^{m\times j}$ en une combinaison linéaire de lignes de deux matrices orthogonales $(\Pi_B$ et $\Pi_{B^\perp})$, il est aussi possible de les décomposer en une combinaison linéaire de lignes de deux matrices non-orthogonales $B \in \Re^{l\times j}$ et $C \in \Re^{r\times j}$ et de leur complément orthogonal.
On peut écrire :

$$A = A\!\!\underset{B}{/}C + A\!\!\underset{C}{/}B + A\!\left/\binom{B}{C}\right.^{\!\perp} \qquad (2.12)$$

avec $A\underset{B}{/}C$ est définie comme la projection oblique de l'espace ligne de la matrice A sur l'espace ligne de la matrice C selon la direction de l'espace ligne de la matrice B :

$$A\underset{B}{/}C = A\begin{pmatrix} C^T & B^T \end{pmatrix}\left(\begin{pmatrix} C \\ B \end{pmatrix}\begin{pmatrix} C^T & B^T \end{pmatrix}\right)^\dagger \begin{pmatrix} I_r \\ 0 \end{pmatrix}C \qquad (2.13)$$

La projection oblique peut être interprétée à travers la recette suivante : projeter l'espace ligne de A orthogonalement sur l'espace vectoriel conjugué de B et C puis décomposer le résultat selon la direction de l'espace vectoriel engendré par les lignes de B et celle de C. C'est qui est illustré dans la figure 2.2 pour $j = 3$ et $m = l = r = 1$.

La décomposition RQ de la matrice $\begin{pmatrix} B \\ C \\ A \end{pmatrix}$ est donné par :

$$\begin{pmatrix} B \\ C \\ A \end{pmatrix} = \begin{pmatrix} R_{11} & 0 & 0 \\ R_{21} & R_{22} & 0 \\ R_{31} & R_{32} & R_{33} \end{pmatrix} \begin{pmatrix} Q_1 \\ Q_2 \\ Q_3 \end{pmatrix} \qquad (2.14)$$

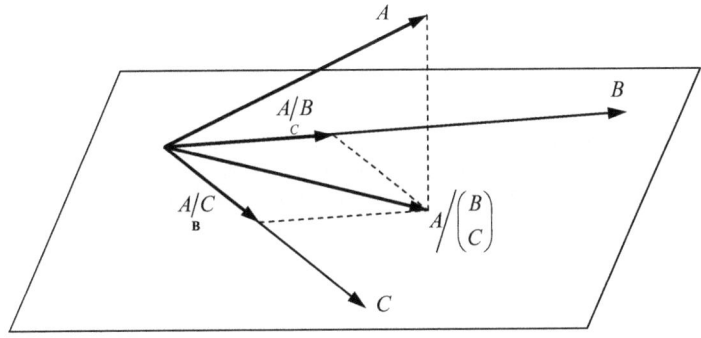

Figure 2.2 : Interprétation de la projection oblique dans un espace de dimension 3.

Alors la représentation matricielle de la projection orthogonale de l'espace ligne de A sur l'espace ligne conjugué de B et C est égal à (voir section précédente) :

$$A \Big/ \begin{pmatrix} B \\ C \end{pmatrix} = \begin{pmatrix} R_{31} & R_{32} \end{pmatrix} \begin{pmatrix} Q_1 \\ Q_2 \end{pmatrix} \qquad (2.15)$$

Cette projection orthogonale de A sur $\begin{pmatrix} B \\ C \end{pmatrix}$ peut être, aussi, écrite comme combinaison linéaire des lignes de B et C :

$$A \Big/ \begin{pmatrix} B \\ C \end{pmatrix} = L_B B + L_C C = \begin{pmatrix} L_B & L_C \end{pmatrix} \begin{pmatrix} B \\ C \end{pmatrix} \qquad (2.16)$$

Or d'après l'équation (2.14) on :

$$\begin{pmatrix} B \\ C \end{pmatrix} = \begin{pmatrix} R_{11} & 0 \\ R_{21} & R_{22} \end{pmatrix} \begin{pmatrix} Q_1 \\ Q_2 \end{pmatrix} \tag{2.17}$$

On obtient, donc :

$$A \Big/ \begin{pmatrix} B \\ C \end{pmatrix} = \begin{pmatrix} L_B & L_C \end{pmatrix} \begin{pmatrix} R_{11} & 0 \\ R_{21} & R_{22} \end{pmatrix} \begin{pmatrix} Q_1 \\ Q_2 \end{pmatrix} \tag{2.18}$$

Les équations (2.15) et (2.18) conduiraient à :

$$\begin{pmatrix} L_B & L_C \end{pmatrix} \begin{pmatrix} R_{11} & 0 \\ R_{21} & R_{22} \end{pmatrix} = \begin{pmatrix} R_{31} & R_{32} \end{pmatrix} \tag{2.19}$$

Cette dernière équation permet de donner :

$$L_C = R_{32} R_{22}^{-1} \tag{2.20}$$

La projection oblique de ligne de A sur l'espace ligne de C selon la direction de l'espace ligne de B est calculée, donc, à partir de l'équation matricielle suivant :

$$A \underset{B}{/} C = L_C C = R_{32} R_{22}^{-1} \begin{pmatrix} R_{21} & R_{22} \end{pmatrix} \begin{pmatrix} Q_1 \\ Q_2 \end{pmatrix} \tag{2.21}$$

2.3 Problématique

En supposant que le système que l'on cherche à identifier appartient à la classe des systèmes linéaires et invariants dans le temps, le problème d'identification traité par les techniques d'identification des sous-espaces peut se formuler comme suit :

Etant donné N échantillons des entrées $u(k) \in \Re^m$ et des sorties $y(k) \in \Re^l$ d'un système dont on cherche à approcher le comportement en sortie par un modèle d'état défini par :

$$\begin{cases} x(k+1) = Ax(k) + Bu(k) + Ke(k) & (2.22.a) \\ y(k) = Cx(k) + Du(k) + e(k) & (2.22.b) \end{cases}$$

où $x(k) \in \Re^n$ est le vecteur d'état, $K \in \Re^{n \times l}$ est la matrice gain d'innovation de Kalman et $e(k) \in \Re^l$ est un vecteur de bruits blancs dont la matrice d'autocovariance est donnée par $\mathrm{E}\{e(i)e(j)^T\} = R_e \delta_{ij}$ avec δ_{ij} est le symbole de Kronecker.

On suppose que :
- la paire (A, C) est observable ;
- la paire $(A, [B \; K])$ est commandable ;
- le système est asymptotiquement stable i.e. les valeurs propres de A sont strictement situés à l'intérieur du cercle unité.

On cherche alors à déterminer :
- l'ordre n du modèle ;
- de manière consistante[2], les matrices du système $A \in \Re^{n \times n}$, $B \in \Re^{n \times m}$, $C \in \Re^{l \times n}$, $D \in \Re^{l \times m}$ et $K \in \Re^{n \times l}$.

2.4 Historique

Historiquement, les méthodes « modernes » (nommée directes[3] dans la suite de ce manuscrit) d'identification des sous-espaces reposent sur l'amélioration de techniques d'estimation fondées sur la théorie de la réalisation.

Ces dernières, référencées ici comme méthodes indirectes, ont pour objectif de fournir une représentation d'état minimale[4] du système à temps discret :

$$\begin{cases} x(k+1) = Ax(k) + Bu(k) & (2.23.a) \\ y(k) = Cx(k) + Du(k) & (2.23.b) \end{cases}$$

connaissant une représentation externe particulière du procédé : un ensemble de réponses impulsionnelles $\{h(t)\}$ sur un horizon donné, encore appelés paramètres de

---

[2] Les estimées $\hat{A}$, $\hat{B}$, $\hat{C}$, $\hat{D}$ et $\hat{K}$ sont consistantes s'il existe une matrice T déterministe et non singulière telle que $\hat{A} - TAT^{-1}$, $\hat{B} - TB$, $\hat{C} - CT^{-1}$, $\hat{D} - D$ et $\hat{K} - TK$ convergent vers zéro avec une probabilité de 1.

[3] Nous utiliserons l'adjectif « directe » pour qualifier les méthodes des sous-espaces fournissant directement une représentation d'état du système, sans nécessiter de connaître a priori une représentation externe du procédé, par opposition à « indirecte » pour les techniques basées sur l'utilisation des réponses impulsionnelles.

[4] Une représentation d'état est dite minimale s'il n'existe aucune réalisation de degré inférieur accessible. Une telle forme est à la fois commandable et observable.

Markov, où $h(t) \in \Re^{l \times m}$ la matrice des réponses impulsionnelles dont le $ij^{\text{ème}}$ élément de cette matrice est la réponse en sortie i, à l'instant t, de l'impulsion unitaire appliquée à l'entrée j, à l'instant 0 [Vib95], et :

$$y(k) = \sum_{t=0}^{\infty} h(t) u(k-t) \qquad (2.24)$$

Supposons qu'on a accès à $i+j-1$ paramètres de Markov $h(t)$ telles que :

$$h(t) = \begin{bmatrix} h_{11}(t) & h_{12}(t) & \cdots & h_{1m}(t) \\ h_{21}(t) & h_{22}(t) & \cdots & h_{2m}(t) \\ \vdots & \vdots & \ddots & \vdots \\ h_{l1}(t) & h_{l2}(t) & \cdots & h_{lm}(t) \end{bmatrix} \qquad (2.25)$$

En appliquant des entrées de type impulsion unitaire dans (2.23a) et (2.23b), on trouve immédiatement la relation suivante [Vib95]:

$$h(t) = \begin{cases} 0 & \text{si } t < 0 \\ D & \text{si } t = 0 \\ CA^{t-1}B & \text{si } t > 0 \end{cases} \qquad (2.26)$$

Il est, alors, possible de construire la matrice de Hankel suivante :

$$H_{ij} = \begin{bmatrix} h(1) & h(2) & \cdots & h(j) \\ h(2) & h(3) & \cdots & h(j+1) \\ \vdots & \vdots & \ddots & \vdots \\ h(i) & h(i+1) & \cdots & h(i+j) \end{bmatrix} \in \Re^{mi \times lj} \qquad (2.27)$$

pour laquelle les paramètres de Markov sont liés au matrices du système par :

$$H_{ij} = \Gamma_i \Omega_j \qquad (2.28)$$

où :
$$\Gamma_i = \begin{bmatrix} C \\ CA \\ \vdots \\ CA^{i-1} \end{bmatrix} \in \Re^{li \times n} \qquad (2.29)$$

est la matrice d'observabilité étendue du système, et

$$\Omega_i = \begin{bmatrix} B & AB & \cdots & A^{j-1}B \end{bmatrix} \in \Re^{n \times mj} \qquad (2.30)$$

est la matrice de commandabilité étendue.

Cette écriture permet ainsi de déterminer l'ordre du système puisque, pour toute réalisation d'état minimale :

$$rang(\mathrm{H}_{ij}) = n \qquad (2.31)$$

De plus, en supposant qu'on a accès à un couple d'estimées $\left(\hat{\Gamma}_i, \hat{\Omega}_j \right)$ tel que :

$$\mathrm{H}_{ij} = \hat{\Gamma}_i \hat{\Omega}_j, \qquad (2.32)$$

il est aisé d'estimer les matrices B, C et D en remarquant que :

$$h(0) = D, \qquad (2.33)$$
$$B = \text{les } m \text{ premières colonnes de } \Omega_j, \qquad (2.34)$$
$$C = \text{les } l \text{ premières lignes de } \Gamma_i. \qquad (2.35)$$

La matrice A est estimée en utilisant la propriété d'*A-invariance* de Γ_i :

$$\Gamma_i^{\downarrow} = \Gamma_i^{\uparrow} A \qquad (2.36)$$

où :

$$\Gamma_i^{\uparrow} = \begin{bmatrix} C \\ CA \\ \vdots \\ CA^{i-2} \end{bmatrix} = \Gamma_i(1:l(i-1),:) \quad \text{et} \quad \Gamma_i^{\downarrow} = \begin{bmatrix} CA \\ CA^2 \\ \vdots \\ CA^{i-1} \end{bmatrix} = \Gamma_i(l+1:li,:) \qquad (2.37)$$

La matrice d'état est, alors, accessible en résolvant :

$$\hat{A} = \left(\Gamma_i^\uparrow\right)^\dagger \Gamma_i^\downarrow \qquad (2.38)$$

où $\left(\Gamma_i^\uparrow\right)^\dagger$ est la pseudo inverse de Moore-Penrose de $\Gamma_i^\uparrow$. Cette estimation est légitime puisque, si la représentation est minimale, la matrice $\Gamma_i^\uparrow$ est non singulière.

Cette méthode d'identification nécessite de choisir les indices i et j tels que :

$$i > n \quad \text{et} \quad j > n \qquad (2.39)$$

puisque, dans le cas contraire, l'estimation de l'ordre, et par conséquent des matrices Γ_i et Ω_j, ne peut qu'échouer. Il est, donc, fondamental de surdimensionner la matrice de Hankel H_{ij}. Or, puisque les données d'entrée-sortie sont mesurées, la matrice de Hankel contient des réponses impulsionnelles bruitées. Le fait d'introduire des données bruitées dans une matrice surdimensionnée a pour conséquence d'augmenter le rang de la matrice ainsi construite. Il est, alors, nécessaire d'associer à l'estimation des matrices Γ_i et Ω_j une étape de réduction du rang. Pour résoudre ce problème de compression de données, l'application à H_{ij} d'un outil mathématique particulier a été proposé : la décomposition en valeurs singulières (DVS) :

$$H_{ij} = \mathcal{U}\Sigma\mathcal{V} = \begin{bmatrix} \mathcal{U}_s & \mathcal{U}_b \end{bmatrix} \begin{bmatrix} \Sigma_s & 0 \\ 0 & \Sigma_b \end{bmatrix} \begin{bmatrix} \mathcal{V}_s^T \\ \mathcal{V}_b^T \end{bmatrix} \qquad (2.40)$$

pour laquelle $\mathcal{U}_s$ et $\mathcal{V}_s$ sont les vecteurs singuliers gauche et droit correspondant aux n plus grandes valeurs singulières Σ_s de Σ. $\mathcal{U}_b$ et $\mathcal{V}_b$ sont les vecteurs singuliers gauche et droit correspondant aux valeurs singulières complémentaires Σ_b. Le produit matriciel $\mathcal{U}_s \Sigma_s \mathcal{V}_s^T$ sera nommé par la suite « sous-espace signal », l'espace orthogonal $\mathcal{U}_b \Sigma_b \mathcal{V}_b^T$ « sous-espace bruit ». Il est évident que ce dernier est vide en l'absence de bruit puisque $\Sigma_b = 0$. La décomposition suivante est, alors, considérée :

$$\hat{\Gamma}_i = \mathcal{U}_s \Sigma_s^{1/2} \qquad (2.41)$$

$$\hat{\Omega}_j = \Sigma_s^{1/2} \mathcal{V}_s^T \qquad (2.42)$$

Ces techniques, efficaces théoriquement, présentent le sévère désavantage de nécessiter de connaître a priori les paramètres de Markov du procédé. Or, obtenir des mesures ou des estimées fiables des réponses impulsionnelles d'un système n'est pas simple pratiquement. L'estimation d'une représentation d'état d'un système, directement à partir des mesures d'entrées-sorties, demeure par conséquent un problème important. Les méthodes directes des sous-espaces constituent une proposition de réponse à ce problème.

2.5 Les méthodes directes des sous-espaces « cas déterministe »

Les techniques classiques d'identification, comme les méthodes PEM, établies sur les techniques statistiques de régression linéaire, visent à ajuster des polynômes ou des fractions rationnelles afin de reproduire des séquences temporelles des signaux d'entrée-sortie. Quant aux méthodes des sous-espaces, elles cherchent dans une première étape à ajuster un sous-espace vectoriel aux observations discrètes sur les entrées-sorties (figure 2.3).

Les sous-espaces vectoriels considérés sont engendrés par les vecteurs lignes ou colonnes de matrices construites à partir des mesures d'entrée-sortie. Toutes ces matrices interviennent au niveau d'une équation algébrique résultante de la représentation d'état.

Dans le cas d'un système déterministe, la représentation d'état est la suivante :

$$\begin{cases} x(k+1) = Ax(k) + Bu(k) & (2.43.\text{a}) \\ y(k) = Cx(k) + Du(k) & (2.43.\text{b}) \end{cases}$$

Il est, alors, aisé de vérifier que pour différents échantillons de sortie, de k à $k+i-1$, on a :

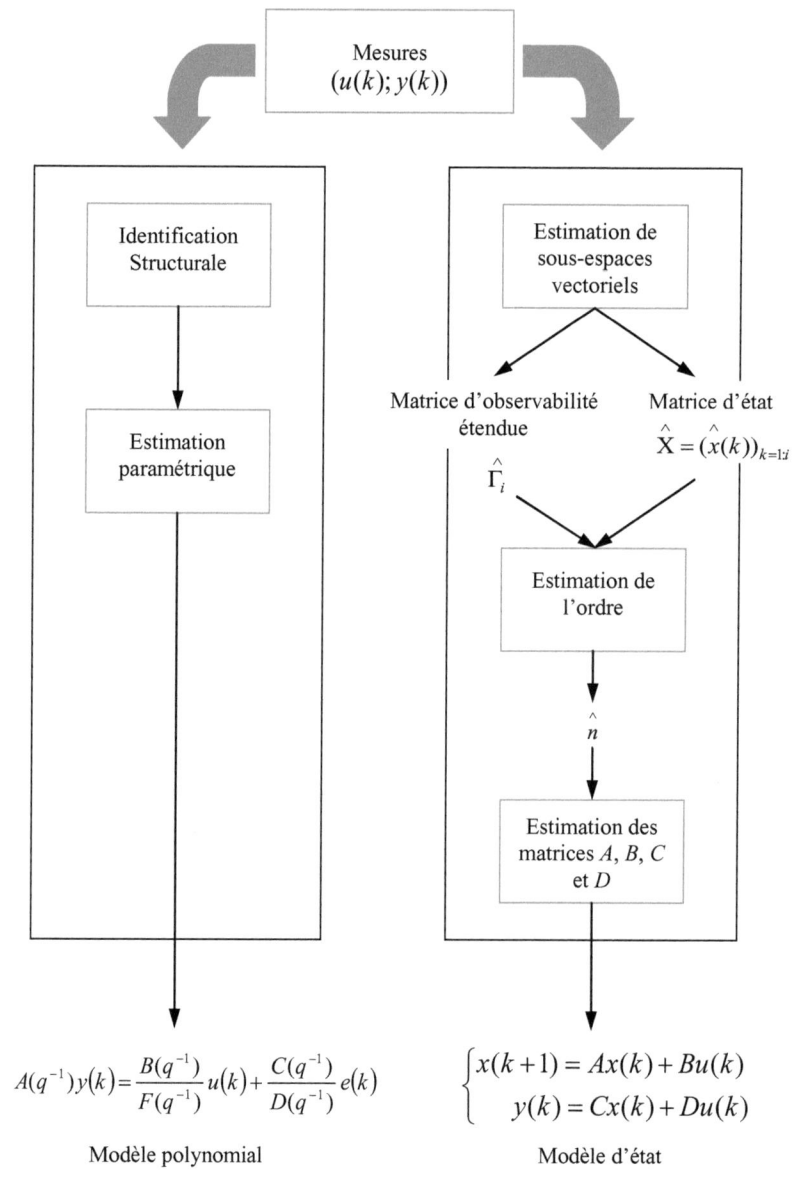

Figure 2.3 : Méthode PEM et Méthode des sous-espaces.

$$y(k) = Cx(k) + Du(k)$$
$$y(k+1) = Cx(k+1) + Du(k+1) = CAx(k) + CBu(k) + Du(k+1)$$
$$\vdots \qquad (2.44)$$
$$y(k+i-1) = CA^{i-1}x(k) + CA^{i-2}Bu(k) + \cdots + CBu(k+i-2) + Du(k+i-1)$$

Considérons les vecteurs d'entrée et de sortie suivants :

$$y_i(k) = \begin{pmatrix} y(k) \\ y(k+1) \\ \vdots \\ y(k+i-1) \end{pmatrix} \in \Re^{li \times 1} \quad \text{et} \quad u_i(k) = \begin{pmatrix} u(k) \\ u(k+1) \\ \vdots \\ u(k+i-1) \end{pmatrix} \in \Re^{mi \times 1} \qquad (2.45)$$

On obtient :
$$y_i(k) = \Gamma_i x(k) + H_i u_i(k) \qquad (2.46)$$

avec :

$$H_i = \begin{pmatrix} D & 0 & \cdots & 0 \\ CB & D & \cdots & 0 \\ CAB & CB & \cdots & 0 \\ \vdots & \vdots & \ddots & \vdots \\ CA^{i-2}B & CA^{i-3}B & \cdots & D \end{pmatrix} \in \Re^{li \times mi} \quad \text{et} \quad \Gamma_i = \begin{pmatrix} C \\ CA \\ \vdots \\ CA^{i-1} \end{pmatrix} \in \Re^{li \times n} \qquad (2.47)$$

où : - H_i est une matrice triangulaire inférieure de Toeplitz par blocs composée des paramètres de Markov, échantillons successifs de la réponse impulsionnelle du système déterministe ;

- Γ_i est la matrice d'observabilité étendue du système.

Par récurrence sur l'indice k de $y_i(k)$ et de $u_i(k)$, en prenant $k = \{0, \cdots, j-1\}$ avec $j \gg i > n$, l'équation (2.46) est étendu pour obtenir l'équation matricielle d'entrée-sortie définie par :
$$Y_i = \Gamma_i X + H_i U_i \qquad (2.48)$$

avec :

$$Y_i = \begin{pmatrix} y_i(0) & y_i(1) & \cdots & y_i(j-1) \end{pmatrix} = \begin{pmatrix} y(0) & y(1) & \cdots & y(j-1) \\ y(1) & y(2) & \cdots & y(j) \\ \vdots & \vdots & \ddots & \vdots \\ y(i-1) & y(i) & \cdots & y(i+j-2) \end{pmatrix} \in \Re^{li \times j} \quad (2.49)$$

$$U_i = \begin{pmatrix} u_i(0) & u_i(1) & \cdots & u_i(j-1) \end{pmatrix} = \begin{pmatrix} u(0) & u(1) & \cdots & u(j-1) \\ u(1) & u(2) & \cdots & u(j) \\ \vdots & \vdots & \ddots & \vdots \\ u(i-1) & u(i) & \cdots & u(i+j-2) \end{pmatrix} \in \Re^{mi \times j} \quad (2.50)$$

$$X = \begin{pmatrix} x(0) & x(1) & \cdots & x(j-1) \end{pmatrix} \in \Re^{n \times j} \quad (2.51)$$

où Y_i est la matrice de Hankel de sortie, U_i est la matrice de Hankel d'entrée et X est la matrice des séquences d'état.

L'idée de base dans les méthodes des sous-espaces est d'identifier les matrices d'état du système, il est suffisant de connaître [Trn07] :

L'espace colonne	L'espace ligne
de la matrice d'observabilité étendue	de la matrice des séquences d'état
$\Gamma_i = \begin{pmatrix} C \\ CA \\ \vdots \\ CA^{i-1} \end{pmatrix}$	$X = \begin{pmatrix} x(0) & x(1) & \cdots & x(j-1) \end{pmatrix}$

ou

Et comme il n'y a pas une unique représentation d'état d'un système quelconque (dû au choix arbitraire de base de l'espace d'état), il n'y a aucun besoin de valeurs numériques exactes. Il est suffisant de savoir seulement les sous-espaces respectifs engendrés par ces matrices [Trn07].

D'ailleurs, ces sous-espaces peuvent être estimés par des opérations géométriques et algébriques sur l'équation matricielle d'entrée-sortie (2.48).

2.5.1 Interprétation géométrique de l'équation matricielle d'entrée-sortie

L'objectif de ce paragraphe est de montrer comment les matrices Γ_i et X ainsi que les espaces associés $\text{Im}_{col}(\Gamma_i)$ et $\text{Im}_{lig}(X)$ peuvent être estimés à partir de U_i et Y_i. Pour cela, une interprétation géométrique de l'équation matricielle d'entrée-sortie (2.48) s'avère être une clé essentielle. Pour des raisons de simplicité, on symbolise chacun des espaces des matrices de cette équation par un vecteur. Une représentation géométrique de l'équation (2.48) est présentée sur la figure 2.4.

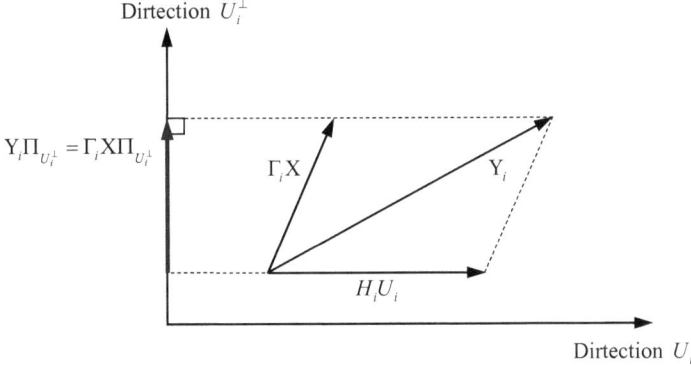

Figure 2.4 : Interprétation géométrique dans le plan déterministe.

Il est à noter que $\Pi_{U_i^\perp}$ symbolise la projection orthogonale sur le noyau de U_i :

$$\Pi_{U_i^\perp} = I - \Pi_{U_i} = I - U_i^T (U_i U_i^T)^\dagger U_i \qquad (2.52)$$

En examinant ces représentations, deux remarques peuvent être faites :

1. Le produit $Y_i \Pi_{U_i^\perp}$ est une combinaison linéaire des vecteurs lignes de $X\Pi_{U_i^\perp}$, et par conséquent, le sous-espace ligne $\text{Im}_{lig}(Y_i \Pi_{U_i^\perp})$ de $Y_i \Pi_{U_i^\perp}$ est une réalisation du sous-espace $\text{Im}_{lig}(X\Pi_{U_i^\perp})$ de $X\Pi_{U_i^\perp}$ [Bas96]:

$$\text{Im}_{lig}(Y_i \Pi_{U_i^\perp}) = \text{Im}_{lig}(X\Pi_{U_i^\perp}) \qquad (2.53)$$

Une fois le sous-espace $\text{Im}_{lig}(X\Pi_{U_i^\perp})$ est estimé, une base quelconque de ce dernier constitue une estimation de $X\Pi_{U_i^\perp}$ à une matrice de similarité près. Et par conséquent une estimation de la matrice des séquences d'état est obtenue.

2. Le produit $Y_i\Pi_{U_i^\perp}$ est aussi une combinaison linéaire des vecteurs colonnes de Γ_i, et par conséquent, le sous-espace colonne $\text{Im}_{col}(Y_i\Pi_{U_i^\perp})$ de $Y_i\Pi_{U_i^\perp}$ est une réalisation du sous-espace $\text{Im}_{col}(\Gamma_i)$ de la matrice des séquences d'état [Bas96] :

$$\text{Im}_{col}(Y_i\Pi_{U_i^\perp}) = \text{Im}_{col}(\Gamma_i) \tag{2.54}$$

D'où l'obtention d'une estimation de la matrice d'observabilité étendue car une fois le sous-espace en question ($\text{Im}_{col}(\Gamma_i)$) est estimé, une base quelconque de ce dernier constitue une estimation de Γ_i à une matrice de similarité près.

L'interprétation géométrique a montré le rôle de la projection orthogonale des sous-espaces lignes et colonnes de Y_i sur le noyau de U_i pour l'estimation respectivement de X et Γ_i.

Dans la suite, la matrice de Hankel d'entrée, U_i, est supposée être de rang plein ($rang(U_i) = mi$ et $i > n$) car toute diminution de rang à ce niveau risque d'une part de provoquer une sous-estimation du nombre d'état estimé du système, et d'autre part de diminuer les performances d'estimation de ces approches. De plus, cette condition permet d'éviter tout problème de conditionnement numérique qui se traduirait par des erreurs de calcul dans l'estimation de Γ_i ou de X. La matrice de Hankel d'entrée peut aussi être exploitée en vue de tester l'ordre d'excitation persistante dont un estimateur est donné par $R_{uu}(i) = U_i U_i^T$. La séquence $\{u(k)\}$ est, alors, une excitation persistante d'ordre i si $R_{uu}(i)$ est une matrice définie positive.

2.5.2 Extraction de Γ_i et X

L'interprétation géométrique précédente a montré le rôle de la projection orthogonale des sous-espaces lignes et colonnes de Y_i sur le noyau de U_i pour l'estimation respectivement de X et Γ_i.

En reprenant l'équation matricielle d'entrée-sortie (2.48) et en appliquant à droite de celle-ci l'opérateur de projection $\Pi_{U_i^\perp}$, on obtient :

$$Y_i \Pi_{U_i^\perp} = \Gamma_i X \Pi_{U_i^\perp} + H_i U_i \Pi_{U_i^\perp} \qquad (2.55)$$

Or $\Pi_{U_i^\perp} = I - \Pi_{U_i} = I - U_i^T \left(U_i U_i^T\right)^{-1} U_i$ car U_i est de rang plein. (2.56)

Donc :

$$U_i \Pi_{U_i^\perp} = U_i - U_i U_i^T \left(U_i U_i^T\right)^{-1} U_i = 0 \qquad (2.57)$$

On obtient :

$$Y_i \Pi_{U_i^\perp} = \Gamma_i X \Pi_{U_i^\perp} \qquad (2.58)$$

Le calcul de cette projection orthogonale est réalisable efficacement en appliquant une factorisation RQ au bloc matriciel $\begin{pmatrix} U_i \\ Y_i \end{pmatrix}$:

$$\begin{pmatrix} U_i \\ Y_i \end{pmatrix} = \begin{pmatrix} R_{11} & 0 \\ R_{21} & R_{22} \end{pmatrix} \begin{pmatrix} Q_1 \\ Q_2 \end{pmatrix} \qquad (2.59)$$

où $R_{11} \in \Re^{li \times li}$ et $R_{22} \in \Re^{mi \times mi}$ sont deux matrices triangulaires inferieures, $R_{21} \in \Re^{mi \times li}$ est une matrice pleine et $Q_1 \in \Re^{li \times N}$, $Q_2 \in \Re^{mi \times N}$ sont deux matrices orthogonales.

Il est aisé de réécrire cette dernière équation comme suit :

$$U_i = R_{11} Q_1 \qquad (2.60)$$
$$Y_i = R_{21} Q_1 + R_{22} Q_2 \qquad (2.61)$$

Et, il est facile de vérifier que :
$$Y_i \Pi_{U_i^\perp} = R_{22} Q_2 \qquad (2.62)$$

En effet :
$$\begin{aligned}
Y_i \Pi_{U_i^\perp} &= Y_i - Y_i U_i^T \left(U_i U_i^T \right)^{-1} U_i \\
&= R_{21} Q_1 + R_{22} Q_2 - (R_{21} Q_1 + R_{22} Q_2) Q_1^T R_{11}^T (R_{11} \underbrace{Q_1 Q_1^T}_{I} R_{11}^T)^{-1} R_{11} Q_1 \\
&= R_{21} Q_1 + R_{22} Q_2 - R_{21} \underbrace{R_{11}^T (R_{11}^T)^{-1}}_{I} \underbrace{R_{11}^{-1} R_{11}}_{I} Q_1 \\
&= R_{22} Q_2
\end{aligned} \qquad (2.63)$$

puisque Q_1 et Q_2 sont des matrices orthogonales et R_{11} est inversible.
D'où :
$$\text{Im}_{lig}\left(Y_i \Pi_{U_i^\perp}\right) = \text{Im}_{lig}(R_{22}) \qquad (2.64)$$
et
$$\text{Im}_{col}\left(Y_i \Pi_{U_i^\perp}\right) = \text{Im}_{col}(R_{22}) \qquad (2.65)$$

puisque Q_2 est une matrice orthogonale.
Finalement :
$$\text{Im}_{lig}\left(X \Pi_{U_i^\perp}\right) = \text{Im}_{lig}(R_{22}) \qquad (2.66)$$
et
$$\text{Im}_{col}(\Gamma_i) = \text{Im}_{col}(R_{22}) \qquad (2.67)$$

L'outil mathématique à appliquer pour déterminer ces deux sous-espaces est la décomposition en valeurs singulières. En effet, la décomposition en valeurs singulières offre deux matrices dont l'une constitue une base de l'espace colonnes de la matrice décomposée, tandis que l'autre constitue une base de l'espace lignes de la même matrice.

Remarque 2.1 *L'inspection des valeurs singulières permet d'avoir accès à une estimée de l'ordre du système. En effet, dans le cas d'un système stochastique et lorsque la variance du bruit est raisonnable, le tracé des valeurs singulières dans un ordre décroissant présente théoriquement une chute visible entre la n^e et $(n + 1)^e$ valeur [Mer04]. Et dans le cas d'un système déterministe, l'ordre du système est égal au nombre des valeurs singulières non nulles [VD95]. Cette propriété est un avantage des méthodes des sous-espaces puisqu'elle permet d'estimer l'ordre du* système au cours du processus d'identification. L'ordre n'est, donc, plus un paramètre inconnu que l'utilisateur doit fixer a priori.

La décomposition en valeurs singulières de la matrice R_{22} conduit à l'expression suivante :

$$R_{22} = \begin{pmatrix} \mathcal{U}_s & \mathcal{U}_b \end{pmatrix} \begin{pmatrix} \Sigma_s & 0 \\ 0 & 0 \end{pmatrix} \begin{pmatrix} \mathcal{V}_s \\ \mathcal{V}_b \end{pmatrix} = \mathcal{U}_s \Sigma_s \mathcal{V}_s \qquad (2.68)$$

C'est que signifie que les colonnes de la matrice $\mathcal{U}_s$ constituent une base de l'espace colonnes de R_{22} (autrement dit de $Y_i \Pi_{U_i^\perp}$) et les lignes de la matrice $\mathcal{V}_s$ constituent une base de l'espace lignes de R_{22} (autrement dit de $Y_i \Pi_{U_i^\perp}$). Par conséquent, tout en se référant aux équations (2.66) et (2.67), Γ_i est égale à $\mathcal{U}_s$ à une transformation de similarité près et $X\Pi_{U_i^\perp}$ est égale à $\mathcal{V}_s$ à une transformation de similarité près. On peut écrire donc :

$$\hat{\Gamma}_i = \mathcal{U}_s \Sigma_s^{1/2} \qquad (2.69)$$

et
$$X\hat{\Pi}_{U_i^\perp} = \Sigma_s^{1/2} \mathcal{V}_s \qquad (2.70)$$

L'équation (2.68) permet aussi d'estimer l'ordre du système en parcourant les valeurs singulières non nulles dans cette équation.

Remarque 2.2 *L'équation (2.70) ne permet pas d'extraire l'estimée complète de la matrice des séquences d'état. Elle ne permet d'estimer qu'une partie de cette matrice [VD95].*

2.5.3 Estimation des matrices d'état

L'estimation des matrices *A*, *B*, *C* et *D* du modèle d'état constitue la dernière étape des méthodes des sous-espaces. Deux stratégies sont possibles :

- soit obtenir les matrices $\hat{A}$ et $\hat{C}$ à partir de l'estimée de la matrice d'observabilité étendue et déduire ensuite les matrices $\hat{B}$ et $\hat{D}$ en résolvant un système surdimensionné d'équation ;

- soit déterminer directement les quatre matrices à partir de la connaissance de l'estimée de la matrice des séquences d'état or ce n'est pas le cas (cf. remarque 2.2).

On s'intéressera, donc, dans ce paragraphe à la première stratégie.

Comme pour la théorie de la réalisation, l'estimation de la matrice de sortie repose sur la constatation suivante :

$$\hat{C} = \hat{\Gamma}_i(1:m,:). \tag{2.71}$$

La matrice C est, donc, estimée par extraction des m première lignes de $\hat{\Gamma}_i$.

L'estimation de la matrice A est fondée sur la propriété d'*A-invariance* de Γ_i :

$$\Gamma_i^{\downarrow} = \Gamma_i^{\uparrow} A \tag{2.72}$$

où :

$$\Gamma_i^{\uparrow} = \begin{bmatrix} C \\ CA \\ \vdots \\ CA^{i-2} \end{bmatrix} = \Gamma_i(1:l(i-1),:) \quad \text{et} \quad \Gamma_i^{\downarrow} = \begin{bmatrix} CA \\ CA^2 \\ \vdots \\ CA^{i-1} \end{bmatrix} = \Gamma_i(l+1:li,:) \tag{2.73}$$

La résolution au sens des moindres carrés du système surdimensionné (2.72) donne :

$$\hat{A} = \left(\Gamma_i^{\uparrow}\right)^{\dagger} \Gamma_i^{\downarrow} \tag{2.74}$$

où $\left(\Gamma_i^{\uparrow}\right)^{\dagger}$ est la pseudo inverse de Moore-Penrose de $\Gamma_i^{\uparrow}$.

Les matrices A et C étant connues, il reste à déterminer les matrices B et D. Une méthodologie proposée est fondée sur l'observation suivante : la matrice de Toeplitz par blocs H_i est linéaire en B et D. Son estimation permet, donc, d'obtenir $\hat{B}$ et $\hat{D}$ par une simple régression linéaire.

En récrivant l'équation (2.48) en fonction des termes de la factorisation RQ et de l'estimé de Γ_i, une nouvelle équation matricielle est obtenue :

$$R_{21}Q_1 + R_{22}Q_2 = \hat{\Gamma}_i X + H_i R_{11} Q_1 \tag{2.75}$$

Etant donné que l'espace colonne de $\hat{\Gamma}_i$ et de son complément orthogonal sont respectivement égaux aux matrices $\mathcal{U}_s$ et $\mathcal{U}_b$, on s'affranchit de $\hat{\Gamma}_i X$ en multipliant l'équation (2.75) à gauche par $\mathcal{U}_b^T$:

$$\mathcal{U}_b^T (R_{21}Q_1 + R_{22}Q_2) = \mathcal{U}_b^T H_i R_{11} Q_1 \qquad (2.76)$$

Une multiplication de cette dernière équation à droite par Q_1^T donne :

$$\mathcal{U}_b^T R_{21} = \mathcal{U}_b^T H_i R_{11} \qquad (2.77)$$

Sachant que le pseudo-inverse de R_{11} existe [Ver94] (car on a supposé que la condition de persistante est vérifiée). En postmultipliant l'équation précédente par cette pseudo-inverse, il s'en suit que :

$$\mathcal{U}_b^T R_{21} (R_{11})^\dagger = \mathcal{U}_b^T H_i \qquad (2.78)$$

En posant :

$$K = \mathcal{U}_b^T R_{21} (R_{11})^\dagger \qquad (2.79)$$

une estimation, des matrices B et D, est obtenue par la résolution, à partir de méthodes telles que les moindres carrés, du système surdimensionné suivant :

$$\begin{pmatrix} K(:,1:n_y) \\ K(:,n_y+1:2n_y) \\ \vdots \\ K(:,n_y(i-1)+1:n_y i) \end{pmatrix} = \qquad (2.80)$$

$$\begin{pmatrix} \mathcal{U}_b^T(:,1:n_y) & \mathcal{U}_b^T(:,n_y+1:2n_y) & \cdots & \mathcal{U}_b^T(:,n_y(i-1)+1:n_y i) \\ \mathcal{U}_b^T(:,n_y+1:2n_y) & \cdots & & 0 \\ \vdots & \cdots & & \vdots \\ \mathcal{U}_b^T(:,n_y(i-1)+1:n_y i) & 0 & \cdots & 0 \end{pmatrix} \begin{pmatrix} I & 0 \\ 0 & \hat{\Gamma}_{i-1} \end{pmatrix} \begin{pmatrix} D \\ B \end{pmatrix}$$

2.6 Les méthodes directes des sous-espaces « cas stochastique »

Les méthodes présentées au sein de la section précédente ont pour objectif d'identifier un système linéaire et invariant dans le temps dont le comportement en sortie est approché par un modèle d'état déterministe, souvent irréaliste à cause des perturbations aléatoires agissant sur le procédé. La présentation des méthodes directes des sous-espaces qui ont pour objectif d'identifier le système en question, dont le comportement en sortie est approché par un modèle d'état stochastique, est le but de cette section.

Considérons le modèle d'état stochastique complet, équations (2.22.a) et (2.22.b). Avec le même raisonnement que précédemment (cas déterministe), l'équation matricielle d'entrée-sortie devient :

$$Y_i = \Gamma_i X + H_d U_i + H_s E_i \qquad (2.81)$$

où $H_d = H_i$ est la matrice des paramètres de Markov de la réalisation déterministe et H_s celle de la réalisation stochastique :

$$H_s = \begin{pmatrix} I & 0 & \cdots & 0 \\ CK & I & \cdots & 0 \\ CAK & CK & \cdots & 0 \\ \vdots & \vdots & \ddots & \vdots \\ CA^{i-2}K & CA^{i-3}K & \cdots & I \end{pmatrix} \in \Re^{li \times li} \qquad (2.82)$$

et E_i est une matrice de Hankel formée des vecteurs de bruit $e(k)$.

$$E_i = \begin{pmatrix} e(0) & e(1) & \cdots & e(j-1) \\ e(1) & e(2) & \cdots & e(j) \\ \vdots & \vdots & \ddots & \vdots \\ e(i-1) & e(i) & \cdots & e(i+j-2) \end{pmatrix} \in \Re^{li \times j} \qquad (2.83)$$

2.6.1 Interprétation géométrique de l'équation matricielle d'entrée-sortie dans le cas stochastique

Dans le cas stochastique (2.81), l'interprétation géométrique présentée dans le cas déterministe n'est plus valable. Le repère est augmenté d'une dimension symbolique associée aux bruits contenus dans la matrice E_i. Dans ce cas, $\Gamma_i X$ sensible, tout au moins en partie, à ces bruits. Par conséquent, le vecteur symbolisant ce produit possède une composante selon l'axe E_i qui est orthogonale à l'axe U_i (boucle ouverte[5]). Le vecteur Y_i se trouve sur un plan intermédiaire représenté en pointillés et différent du plan déterministe précédent. Pour s'y ramener, une projection supplémentaire $\Pi_{E_i^\perp}$ est nécessaire (figure 2.5). Elle permet de se ramener au plan déterministe de la figure 2.4 en effectuant une projection sur le noyau des perturbations. Une seconde projection, notée $\Pi_{U_i^\perp}$, est alors utilisée pour en déduire une estimation de Γ_i sur le même principe que celui décrit dans le cas déterministe. La projection notée Π_Ψ, résultant de la combinaison de $\Pi_{E_i^\perp}$ et de $\Pi_{U_i^\perp}$ est en pratique difficilement réalisable, en toute précision, du fait de la méconnaissance du bruit contenu dans E_i. Toutefois, cette interprétation géométrique souligne l'intérêt d'introduire une matrice « instrumentale » pour minimiser autant que possible l'influence du bruit sur l'estimation.

2.6.2 Choix de la variable instrumental

Au sein du paragraphe précédent, il a été démontré que les propriétés géométriques de l'équation (2.48) se perdent en présence de bruit. Et par conséquent, l'application d'une simple projection orthogonale n'est plus suffisante pour estimer de manière consistante, ni la matrice d'observabilité étendue, ni la matrice des séquences d'état. En effet, l'application de la projection orthogonale dans l'équation (2.81) donne :

$$Y_i \Pi_{U_i^\perp} = \Gamma_i X \Pi_{U_i^\perp} + H_s E_i \Pi_{U_i^\perp} \tag{2.84}$$

et puisque :
$$E_i \Pi_{U_i^\perp} = E_i \tag{2.85}$$

car
$$E\{E_i U_i\} = 0 \; ; \tag{2.86}$$

---

[5] Pour tout système en boucle ouverte le signal d'entrée est décorrélé du bruit de sortie.

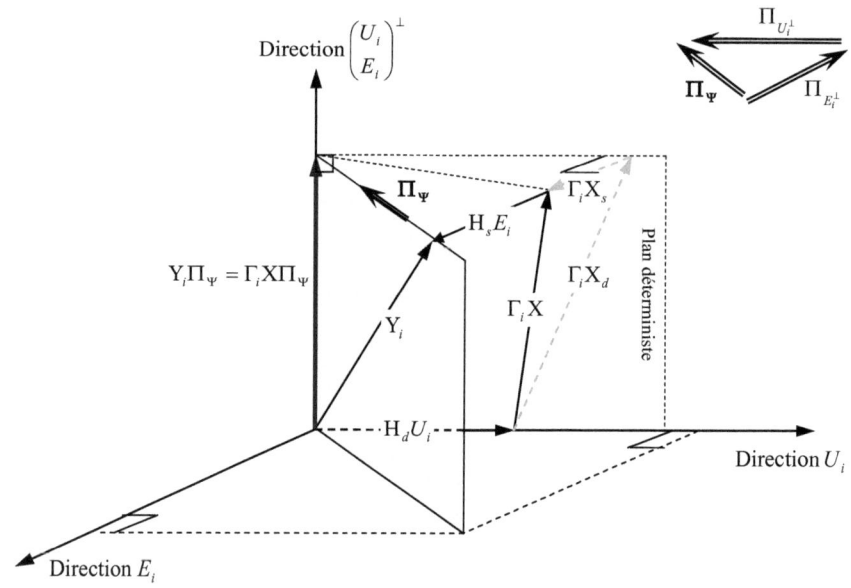

Figure 2.5 : Interprétation géométrique dans le cas stochastique.

on obtient :
$$Y_i \Pi_{U_i^\perp} = \Gamma_i X \Pi_{U_i^\perp} + H_s E_i \qquad (2.87)$$

Afin de supprimer la matrice de Hankel des bruits de l'équation précédente et par conséquent de projeter l'équation (2.81) dans le plan déterministe, l'utilisation de la technique de variable instrumentale a été proposée [Vib95]. Il s'agit de choisir une variable permettant d'annuler les effets de perturbation, tout en conservant les informations utiles liées à la dynamique du système étudié [Mer04]. En conséquence, si Ξ est la variable instrumentale, elle doit vérifier les propriétés « classiques » suivantes :
$$E\{E_i \Xi\} = 0 \qquad (2.88)$$
et
$$rang(E\{X\Xi\}) = n \qquad (2.89)$$

Autrement dit, l'image du bruit par la projection Ξ doit être nulle et celle de X doit être invariant en dimension.

La solution naturelle, serait d'utiliser le signal d'entrée comme instrument puisque ce dernier est décorrélé du bruit de sortie et il est suffisamment lié à l'état. Malheureusement, en identification des sous-espaces, la variable instrumentale doit également être orthogonale à la matrice de Hankel des entrées afin d'isoler le terme $H_d U_i$. Cette condition est, donc, incompatible avec le choix de la variable instrumentale énoncé précédemment. L'artifice proposé consiste à scinder les données accessibles à la mesure en deux blocs afin de créer des matrices de Hankel « passées » et « futures » :

$$\begin{pmatrix} U_p \\ U_f \end{pmatrix} = \begin{pmatrix} u(0) & u(1) & \cdots & u(j-1) \\ u(1) & u(2) & \cdots & u(j) \\ \vdots & \vdots & \ddots & \vdots \\ u(p-1) & u(p) & \cdots & u(p+j-2) \\ \hline u(p) & u(p+1) & \cdots & u(p+j-1) \\ u(p+1) & u(p+2) & \cdots & u(p+j) \\ \vdots & \vdots & \ddots & \vdots \\ u(p+f-1) & u(p+f) & \cdots & u(p+f+j-2) \end{pmatrix} ;$$

$$\begin{pmatrix} Y_p \\ Y_f \end{pmatrix} = \begin{pmatrix} y(0) & y(1) & \cdots & y(j-1) \\ y(1) & y(2) & \cdots & y(j) \\ \vdots & \vdots & \ddots & \vdots \\ y(p-1) & y(p) & \cdots & y(p+j-2) \\ \hline y(p) & y(p+1) & \cdots & y(p+j-1) \\ y(p+1) & y(p+2) & \cdots & y(i+j) \\ \vdots & \vdots & \ddots & \vdots \\ y(p+f-1) & y(p+f) & \cdots & y(p+f+j-2) \end{pmatrix}$$

(2.90)

avec : $i = p + f$ où p est le nombre des données passées et f est le nombres des données futures.

A la lumière de cette solution, plusieurs algorithmes ont été formulés dont les principaux sont données dans le tableau 2.1. Elles se différencient par le type de projection et de la variable instrumentale utilisées.

Dans la suite de cette section, on intéressera plus particulièrement à l'algorithme N4SID.

Méthode	Type de projection	Variable instrumentale
PI MOESP	Projection orthogonale sur le noyau de la matrice de Hankel des entrées futures.	Matrice de Hankel des entrées passées.
PO MOESP	Projection orthogonale sur le noyau de la matrice de Hankel des entrées futures.	Matrice de Hankel des observations passées.
N4SID	Projection oblique sur la variable instrumentale selon la direction des entrées futures.	Matrice de Hankel des observations passées.
CVA	Projection orthogonale sur le noyau de la matrice de Hankel des entrées futures.	Matrice de Hankel des observations passées.

Tableau 2.1 : Les principaux algorithmes permettant d'estimer de manière consistante les matrices d'un modèle d'état dans un contexte stochastique.

2.6.3 L'algorithme N4SID

L'algorithme d'identification « Numerical algorithm for SubSpace State Space IDentification » (N4SID) [VD94] a pour l'objectif d'estimer, de manière consistante, les matrices du modèle d'état dans un contexte stochastique. Il cherche, dans une première étape, une estimée de la matrice d'observabilité, à partir des données d'entrée-sortie mesurées. Et, dans une deuxième étape, il estime l'état du système qui permet d'obtenir les matrices d'état à partir d'un système surdimensionné (figure 2.6).

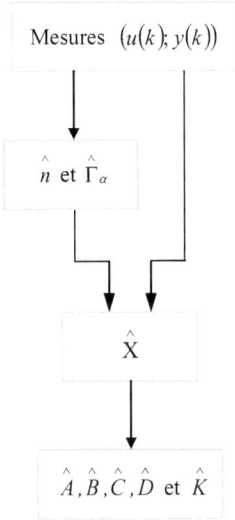

Figure 2.6 : Organigramme décrivant la méthode d'identification N4SID.

Pour simplifier le calcul, on suppose que $p = f = \alpha$. On a, donc :

$$\begin{pmatrix} U_p \\ U_f \end{pmatrix} = \begin{pmatrix} u(0) & u(1) & \cdots & u(j-1) \\ u(1) & u(2) & \cdots & u(j) \\ \vdots & \vdots & \ddots & \vdots \\ u(\alpha-1) & u(\alpha) & \cdots & u(\alpha+j-2) \\ \hline u(\alpha) & u(\alpha+1) & \cdots & u(\alpha+j-1) \\ u(\alpha+1) & u(\alpha+2) & \cdots & u(\alpha+j) \\ \vdots & \vdots & \ddots & \vdots \\ u(2\alpha-1) & u(2\alpha) & \cdots & u(2\alpha+j-2) \end{pmatrix} ; \begin{pmatrix} Y_p \\ Y_f \end{pmatrix} = \begin{pmatrix} y(0) & y(1) & \cdots & y(j-1) \\ y(1) & y(2) & \cdots & y(j) \\ \vdots & \vdots & \ddots & \vdots \\ y(\alpha-1) & y(\alpha) & \cdots & y(\alpha+j-2) \\ \hline y(\alpha) & u(\alpha+1) & \cdots & y(\alpha+j-1) \\ y(\alpha+1) & y(\alpha+2) & \cdots & y(\alpha+j) \\ \vdots & \vdots & \ddots & \vdots \\ y(2\alpha-1) & y(2\alpha) & \cdots & y(2\alpha+j-2) \end{pmatrix}$$

(2.91)

Suite à cette décomposition, les équations matricielles d'entrée-sortie résultantes seront donc:

$$Y_p = \Gamma_\alpha X_p + H_\alpha^d U_p + H_\alpha^s E_p \tag{2.92}$$

$$Y_f = \Gamma_\alpha X_f + H_\alpha^d U_f + H_\alpha^s E_f \tag{2.93}$$

où :

$$E_p = \begin{pmatrix} e(0) & e(1) & \cdots & e(j-1) \\ e(1) & e(2) & \cdots & e(j) \\ \vdots & \vdots & \ddots & \vdots \\ e(\alpha-1) & e(\alpha) & \cdots & e(\alpha+j-2) \end{pmatrix} \qquad (2.94)$$

est la matrice de Hankel formée des vecteurs de bruit passé

et
$$E_f = \begin{pmatrix} e(\alpha) & e(\alpha+1) & \cdots & e(\alpha+j-1) \\ e(\alpha+1) & e(\alpha+2) & \cdots & e(\alpha+j) \\ \vdots & \vdots & \ddots & \vdots \\ e(2\alpha-1) & e(2\alpha) & \cdots & e(2\alpha+j-2) \end{pmatrix} \qquad (2.95)$$

est la matrice de Hankel formée des vecteurs de bruit future.

La matrice des séquences d'état se décompose aussi en deux blocs « passée » et « future » :

$$X_p = (x(0) \quad x(1) \quad \cdots \quad x(j-1)) \qquad (2.96)$$

et
$$X_f = (x(\alpha) \quad x(\alpha+1) \quad \cdots \quad x(\alpha+j-1)) \qquad (2.97)$$

Il est, alors, facile de vérifier que :

$$X_f = A^\alpha X_p + \Delta_\alpha^d U_p + \Delta_\alpha^s E_p \qquad (2.98)$$

où Δ_α^d et Δ_α^s sont respectivement la matrice de commandabilité rebours étendue de la réalisation déterministe et celle de la réalisation stochastique :

$$\Delta_\alpha^d = \begin{pmatrix} A^{\alpha-1}B & A^{\alpha-1}B & \cdots & B \end{pmatrix} ; \qquad (2.99)$$

$$\Delta_\alpha^s = \begin{pmatrix} A^{\alpha-1} & A^{\alpha-1} & \cdots & I \end{pmatrix} . \qquad (2.100)$$

La projection oblique des sorties futures (cf. équ. (2.93)) sur les observations passées selon les directions des entrées futures donne :

$$Y_f /_{U_f} \Xi = \left(\Gamma_\alpha X_f + H_\alpha^d U_f + H_\alpha^s E_f\right) /_{U_f} \Xi \qquad (2.101)$$
$$= \Gamma_\alpha X_f /_{U_f} \Xi + H_\alpha^d U_f /_{U_f} \Xi + H_\alpha^s E_f /_{U_f} \Xi$$

où : $\Xi = \begin{pmatrix} U_p \\ Y_p \end{pmatrix}$ est la matrice des observations passées.

Or, de la définition de la projection oblique, il est évident que :

$$U_f /_{U_f} \Xi = 0 \qquad (2.102)$$

Et puisque, et pour un nombre d'échantillons tend vers l'infini tout en sachant que les entrées passées ainsi que les sorties passées sont décorrélées du bruit future :

$$\lim_{j \to \infty} E_f /_{U_f} \Xi = 0 \qquad (2.103)$$

On obtient :

$$Y_f /_{U_f} \Xi = \Gamma_\alpha X_f /_{U_f} \Xi \qquad (2.104)$$

A partir de l'équation (2.92), la matrice des séquences d'état passée X_p peut être écrite comme suit :

$$X_p = \Gamma_\alpha^\dagger Y_p - \Gamma_\alpha^\dagger H_\alpha^d U_p - \Gamma_\alpha^\dagger H_\alpha^s E_p = \begin{pmatrix} \Gamma_\alpha^\dagger & -\Gamma_\alpha^\dagger H_\alpha^d & -\Gamma_\alpha^\dagger H_\alpha^s \end{pmatrix} \begin{pmatrix} Y_p \\ U_p \\ E_p \end{pmatrix} \qquad (2.105)$$

En remplaçant cette expression dans l'équation (2.98), on obtient :

$$X_f = \begin{pmatrix} A^\alpha \Gamma_\alpha^\dagger & (\Delta_\alpha^d - A^\alpha \Gamma_\alpha^\dagger H_\alpha^d) & (\Delta_\alpha^s - A^\alpha \Gamma_\alpha^\dagger H_\alpha^s) \end{pmatrix} \begin{pmatrix} Y_p \\ U_p \\ E_p \end{pmatrix} \qquad (2.106)$$

Ces deux dernières équations indiquent que les états passées X_p et celles futures X_f peuvent être obtenus comme combinaison linéaire des données passées U_p, Y_p et E_p.

Pour calculer une estimée de X_f, le terme de bruit peut être remplacé par sa valeur moyenne qui est nulle :

$$\hat{X}_f = \left(A^\alpha \Gamma_\alpha^\dagger \quad \left(\Delta_\alpha^d - A^\alpha \Gamma_\alpha^\dagger H_\alpha^d \right) \right) \begin{pmatrix} Y_p \\ U_p \end{pmatrix} \quad (2.107)$$

La projection oblique de la matrice des séquences d'état future sur les observations passées selon les directions des entrées futures, donne donc :

$$X_f \underset{U_f}{/ \Xi} = \hat{X}_f \quad (2.108)$$

Et par suite, la projection oblique des sorties futures sur les observations passées selon les directions des entrées futures, a pour résultat (figure 2.7) :

$$Y_f \underset{U_f}{/ \Xi} = \Gamma_\alpha \hat{X}_f \quad (2.109)$$

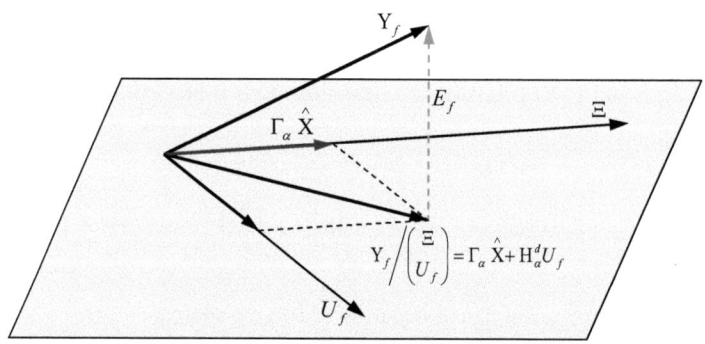

Figure 2.7 : Projection oblique des sorties futures sur les observations passées selon les directions des entrées futures.

Remarque 2.3 *P. Van Overschee et B. De Moor [VD94] ont montrés que $\hat{X}_f$ n'est que l'estimée par le filtre de Kalman de la matrice des séquences d'état future X_f.*

Comme dans le cas déterministe, le calcul du produit $Y_f/\Xi \atop U_f$ est généralement effectué à partir de la factorisation RQ suivante :

$$\begin{pmatrix} U_p \\ U_f \\ Y_p \\ Y_f \end{pmatrix} = RQ = \begin{pmatrix} R_{11} & 0 & 0 & 0 \\ R_{21} & R_{22} & 0 & 0 \\ R_{31} & R_{32} & R_{33} & 0 \\ R_{41} & R_{42} & R_{43} & R_{44} \end{pmatrix} \begin{pmatrix} Q_1 \\ Q_2 \\ Q_3 \\ Q_4 \end{pmatrix} \qquad (2.110)$$

La matrice en question est donnée, donc, par :

$$Y_f/\Xi \atop U_f = \begin{pmatrix} L_{U_p} & L_{Y_p} \end{pmatrix} \begin{pmatrix} U_p \\ Y_p \end{pmatrix} \qquad (2.111)$$

où :

$$\begin{pmatrix} L_{U_p} & L_{U_f} & L_{Y_p} \end{pmatrix} = \begin{pmatrix} R_{41} & R_{42} & R_{43} \end{pmatrix} \begin{pmatrix} R_{11} & 0 & 0 \\ R_{21} & R_{22} & 0 \\ R_{31} & R_{32} & R_{33} \end{pmatrix}^{\dagger} \qquad (2.112)$$

2.6.3.1 Extraction de Γ_α et X_f

Une fois la projection oblique des sorties futures sur les observations passées selon les directions des entrées futures a été calculée, l'étape suivante de l'algorithme N4SID est d'extraire les deux matrices Γ_α et X_f.

Pour atteindre cet objectif, une décomposition en valeurs singulières est appliquée à la matrice $Y_f/\Xi \atop U_f$:

$$O_\alpha = Y_f/\Xi \atop U_f = \begin{pmatrix} \mathcal{U}_s & \mathcal{U}_b \end{pmatrix} \begin{pmatrix} \Sigma_s & 0 \\ 0 & \Sigma_b \end{pmatrix} \begin{pmatrix} \mathcal{V}_s \\ \mathcal{V}_b \end{pmatrix}$$
$$= \mathcal{U}_s \Sigma_s \mathcal{V}_s + \mathcal{U}_b \Sigma_b \mathcal{V}_b \qquad (2.113)$$

Et il est facile de montrer, à partir de l'équation (2.109), que :

$$\mathrm{Im}_{col}(\Gamma_\alpha) = \mathrm{Im}_{col}\left(Y_f \big/ \underset{U_f}{\Xi}\right) \qquad (2.114)$$

$$\mathrm{Im}_{lig}\left(\hat{X}_f\right) = \mathrm{Im}_{lig}\left(Y_f \big/ \underset{U_f}{\Xi}\right) \qquad (2.115)$$

Une estimation de la matrice d'observabilité étendue et celle de la matrice des séquences d'état future sont donc directement accessibles à partir du sous-espace signal $\mathcal{U}_s \Sigma_s \mathcal{V}_s$:

$$\hat{\Gamma}_\alpha = \mathcal{U}_s \Sigma_s^{1/2} \qquad (2.116)$$

$$\hat{X}_f = \Sigma_s^{1/2} \mathcal{V}_s \qquad (2.117)$$

Une seconde solution consiste à utiliser la projection oblique, O_α, pour en extraire une estimation de la matrice des séquences d'état future à partir de l'équation (2.109) et de l'estimation de Γ_α :

$$\hat{X}_f = \hat{\Gamma}_\alpha^\dagger O_\alpha \qquad (2.118)$$

Le rang du sous-espace « système » est une estimation de l'ordre du modèle d'état [Bas96] :

$$\hat{n} = rang(\Sigma_s) \qquad (2.119)$$

2.6.3.2 Estimation des matrices d'état

L'algorithme N4SID utilise la stratégie fondée sur l'estimée de la matrice des séquences d'état pour estimer les matrices du système A, B, C et D ainsi que le gain de Kalman K. Il s'agit de résoudre, par la méthode des moindres carrés, le système d'équation surdimensionné suivant :

$$\begin{pmatrix} \hat{x}(\alpha+1) & \hat{x}(\alpha+2) & \cdots & \hat{x}(\alpha+j) \\ y(\alpha) & y(\alpha+1) & \cdots & y(\alpha+j-1) \end{pmatrix} = \qquad (2.120)$$

$$\begin{pmatrix} A & B \\ C & D \end{pmatrix} \begin{pmatrix} \hat{x}(\alpha) & \hat{x}(\alpha+1) & \cdots & \hat{x}(\alpha+j-1) \\ u(\alpha) & u(\alpha+1) & \cdots & u(\alpha+j-1) \end{pmatrix} + \varepsilon$$

avec :

$$\hat{X}_{f+1} = \hat{X}_{\alpha+1} = \begin{pmatrix} \hat{x}(\alpha+1) & \hat{x}(\alpha+2) & \cdots & \hat{x}(\alpha+j) \end{pmatrix} = \left(\hat{\Gamma}_\alpha^\uparrow \right)^\dagger O_{\alpha+1} \quad (2.121)$$

et :

$$O_{\alpha+1} = Y_f^- \underset{U_f^-}{\big/} \Xi^+ \qquad (2.122)$$

où :

$$\begin{pmatrix} U_p^+ \\ U_f^- \end{pmatrix} = \begin{pmatrix} u(0) & u(1) & \cdots & u(j-1) \\ u(1) & u(2) & \cdots & u(j) \\ \vdots & \vdots & \ddots & \vdots \\ u(\alpha-1) & u(\alpha) & \cdots & u(\alpha+j-2) \\ u(\alpha) & u(\alpha+1) & \cdots & u(\alpha+j-1) \\ \hline u(\alpha+1) & u(\alpha+2) & \cdots & u(\alpha+j) \\ \vdots & \vdots & \ddots & \vdots \\ u(2\alpha-1) & u(2\alpha) & \cdots & u(2\alpha+j-2) \end{pmatrix} ;$$

$$\begin{pmatrix} Y_p^+ \\ Y_f^- \end{pmatrix} = \begin{pmatrix} y(0) & y(1) & \cdots & y(j-1) \\ y(1) & y(2) & \cdots & y(j) \\ \vdots & \vdots & \ddots & \vdots \\ y(\alpha-1) & y(\alpha) & \cdots & y(\alpha+j-2) \\ y(\alpha) & y(\alpha+1) & \cdots & y(\alpha+j-1) \\ \hline y(\alpha+1) & y(\alpha+2) & \cdots & y(\alpha+j) \\ \vdots & \vdots & \ddots & \vdots \\ y(2\alpha-1) & y(2\alpha) & \cdots & y(2\alpha+j-2) \end{pmatrix} \qquad (2.123)$$

et

$$\Xi^+ = \begin{pmatrix} U_p^+ \\ Y_p^+ \end{pmatrix} \qquad (2.124)$$

En notant :

$$\theta = \begin{pmatrix} A & B \\ C & D \end{pmatrix} ; \quad X = \begin{pmatrix} \hat{X}_f \\ U_f \end{pmatrix} \quad \text{et} \quad Y = \begin{pmatrix} \hat{X}_{f+1} \\ Y_f \end{pmatrix} \quad (2.125)$$

La solution au sens des moindres carrés est donnée par :

$$\theta = YX^{\dagger} = YX^T \left(XX^T\right)^{-1} \quad (2.126)$$

Le gain de Kalman K et la matrice de covariance R_e sont extraits de l'estimée de la covariance des résidus :

$$\Sigma = \begin{pmatrix} \Sigma_{11} & \Sigma_{12} \\ \Sigma_{21} & \Sigma_{22} \end{pmatrix} = \frac{1}{j - (\hat{n}+m)(\hat{n}+l)} \varepsilon \varepsilon^T \quad (2.127)$$

avec :

$$\varepsilon = Y - \theta X \quad (2.128)$$

En effet, on a :

$$E\left\{\begin{pmatrix} Ke(k) \\ e(k) \end{pmatrix} \begin{pmatrix} (Ke(k))^T & e^T(k) \end{pmatrix}\right\} = E\left\{\begin{pmatrix} Ke(k)e^T(k)K^T & Ke(k)e^T(k) \\ e(k)e^T(k)K^T & e(k)e^T(k) \end{pmatrix}\right\}$$
$$= \begin{pmatrix} KR_eK^T & KR_e \\ R_eK^T & R_e \end{pmatrix} \quad (2.129)$$

D'où :

$$K = \Sigma_{12}\Sigma_{22}^{-1} \quad (2.130)$$

et

$$R_e = \Sigma_{22} \quad (2.131)$$

Finalement, l'algorithme N4SID se compose des étapes suivantes :

1- A partir des données d'entrée-sortie mesurées, construire les matrices de Hankel U_p, U_f, Y_p et Y_f en fixant $N \gg \alpha > n$ avec $\alpha = p = f$;

2- Construire la variable instrumentale $\Xi = \begin{pmatrix} U_p \\ Y_p \end{pmatrix}$;

3- Appliquer une factorisation RQ au bloc matriciel $\begin{pmatrix} U_p^T & U_f^T & Y_p^T & Y_f^T \end{pmatrix}^T$ afin de calculer, d'une manière robuste, la projection oblique des sorties futures sur les observations passées selon les directions des entrées futures (cf. équ. (2.110));

4- Lui appliquer une décomposition en valeurs singulières (cf. équ. (2.113) ;

5- Inspecter les valeurs singulières, estimer l'ordre n du système et conserver les vecteurs singuliers gauches $\mathcal{U}_s \Sigma_s^{1/2}$ correspondant aux n plus grandes valeurs singulières.

6- Déterminer $\hat{\Gamma}_\alpha$ et $\hat{\Gamma}_\alpha^\uparrow$ comme :

$$\hat{\Gamma}_\alpha = \mathcal{U}_s \Sigma_s^{1/2}$$

$$\hat{\Gamma}_\alpha^\uparrow = \hat{\Gamma}_\alpha(1:\alpha-1,:)$$

7- Déterminer les séquences d'état :

$$\hat{X}_f = \hat{\Gamma}_\alpha^\dagger O_\alpha$$

$$\hat{X}_{f+1} = \left(\hat{\Gamma}_\alpha^\uparrow\right)^\dagger O_{\alpha+1}$$

8- Estimer les matrices A, B, C et D à l'aide de la méthode des moindres carrés appliquée au système suivant :

$$\begin{pmatrix} \hat{X}_{f+1} \\ Y_f \end{pmatrix} = \begin{pmatrix} A & B \\ C & D \end{pmatrix} \begin{pmatrix} \hat{X}_f \\ U_f \end{pmatrix} + \varepsilon$$

9- Estimer les matrices K et R_e à partir de l'estimée de la covariance des résidus :

$$\Sigma = \begin{pmatrix} \Sigma_{11} & \Sigma_{12} \\ \Sigma_{21} & \Sigma_{22} \end{pmatrix} = \frac{1}{j-(\hat{n}+m)(\hat{n}+l)} \varepsilon \varepsilon^T$$

$$K = \Sigma_{12} \Sigma_{22}^{-1}$$

2.6.4 Théorème unifié

Dans le paragraphe 2.6.3, une seule variable instrumentale, autrement dit une seule méthode, a été proposée afin d'estimer, de manière consistante, une base de la matrice d'observabilité et celle de la matrice des séquences d'état dans un contexte stochastique. B. De Moor et P. Van Overschee, dans leur célèbre théorème unifié [VD95], ont démontré que les principaux algorithmes des sous-espaces partagent une même et unique écriture (cf. tableau 2.2) :

$$W_1 O_\alpha W_2 \qquad (2.132)$$

	W_1	O_α	W_2
N4SID	I	$Y_f \Pi_{U_f^\perp} \Xi^T$	$\left(\Xi \Pi_{U_f^\perp} \Xi^T\right)^{-1} \Xi$
PI/PO MOESP [*]	I	$Y_f \Pi_{U_f^\perp} \Xi^T$	$\left(\Xi \Pi_{U_f^\perp} \Xi^T\right)^{-1} \Xi \Pi_{U_f^\perp}$
CVA	$\mathcal{R}^{-1/2}_{\{Y_f \Pi_{U_f^\perp}, Y_f \Pi_{U_f^\perp}\}}$ [**]	$Y_f \Pi_{U_f^\perp} \Xi^T$	$\mathcal{R}^{-1/2}_{\{\Xi \Pi_{U_f^\perp}, \Xi \Pi_{U_f^\perp}\}}$

Tableau 2.2 : Ecriture unifiée des algorithmes des sous-espaces.

Ce qui permet de mettre en évidence que les algorithmes N4SID, PI MOESP (Past Input MIMO Output-Error State sPace model identification), PO MOESP (Past Output MIMO Output-Error State sPace model identification) [Ver94] et CVA (Canonical Variate Analysis) [Lar90] possède la même matrice O_α :

$$O_\alpha = Y_f \Pi_{U_f^\perp} \Xi^T \qquad (2.133)$$

Cette propriété permet de bien comprendre les actions respectives de la projection orthogonale $\Pi_{U_f^\perp}$ et de la variable instrumentale Ξ. En effet, puisque :

---

[*] $\Xi = U_p$ pour PI MOESP et $\Xi = \begin{pmatrix} U_p^T & Y_p^T \end{pmatrix}^T$ pour OP MOESP.

[**] $R_{\{M,N\}}$ étant la covariance entre les matrices $M \in \Re^{m \times j}$ et $N \in \Re^{n \times j}$: $R_{\{M,N\}} = \lim_{j \to \infty}(MN^T)$.

$$Y_f = \Gamma_\alpha X_f + H_\alpha^d U_f + H_\alpha^s E_f \qquad (2.134)$$

on vérifie que :

$$Y_f \Pi_{U_f^\perp} = \Gamma_\alpha X_f \Pi_{U_f^\perp} + \underbrace{H_\alpha^d U_f \Pi_{U_f^\perp}}_{0} + H_\alpha^s E_f \Pi_{U_f^\perp} = \Gamma_\alpha X_f \Pi_{U_f^\perp} + H_\alpha^s E_f \Pi_{U_f^\perp} \qquad (2.135)$$

correspond simplement à la suppression du régime forcé. En postmultipliant cette expression par Ξ^T, en supposant que les entrées futures et passées ainsi que les sorties passées soient décorrélées du bruit futur, il est facile de vérifier que :

$$Y_f \Pi_{U_f^\perp} \Xi^T = \Gamma_\alpha X_f \Pi_{U_f^\perp} \Xi^T + \underbrace{H_\alpha^s E_f \Pi_{U_f^\perp} \Xi^T}_{0} = \Gamma_\alpha X_f \Pi_{U_f^\perp} \Xi^T \qquad (2.136)$$

puisque [VWO97] :

$$\lim_{j \to \infty} E_f \Pi_{U_f^\perp} U_p^T = \mathrm{E}\{e_f u_p^T\} - \mathrm{E}\{e_f u_f^T\} \mathrm{E}\{(u_f u_f^T)^{-1}\} \mathrm{E}\{u_f u_p^T\} = 0 \qquad (2.137)$$

$$\lim_{j \to \infty} E_f \Pi_{U_f^\perp} Y_p^T = \mathrm{E}\{e_f y_p^T\} - \mathrm{E}\{e_f u_f^T\} \mathrm{E}\{(u_f u_f^T)^{-1}\} \mathrm{E}\{u_f y_p^T\} = 0 \qquad (2.138)$$

2.7 Conclusion

Une présentation détaillée des algorithmes des sous-espaces a été exposée au sein de ce chapitre. Cette description a permis de mettre en évidence les principaux points forts de ces techniques des sous-espaces :
- elles permettent d'estimer directement une forme d'état du système à identifier à partir des données d'entrée-sortie sans utiliser de représentations externes intermédiaires ;
- elles ne nécessitent aucune phase initiale de choix de structure ou de forme canonique ;
- les problèmes d'optimisation non linéaires habituellement rencontrés lors de l'application de méthodes d'erreur de prédiction sont évités puisque les algorithmes présentés utilisent des outils mathématiques robustes tels que la décomposition en valeurs singulières ou la factorisation RQ.

Une analyse des performances de ces méthodes par comparaison avec celles des méthodes d'erreur de prédiction sur des exemples de simulation sera présentée dans le chapitre suivant.

Chapitre 3
Exemples de simulation

Sommaire

3.1 Introduction 60
3.2 Etude d'un système monovariable 60
3.3 Etude d'un système multivariable 67
3.4 Conclusion 72

3.1 Introduction

Dans le chapitre précèdent, on a mis en évidence (cf. chapitre 2) que les méthodes des sous-espaces fournissent une présentation d'état du modèle identifié, à l'aide des algorithmes non itératifs et sans qu'elles demandent de fixer a priori un grand nombre de paramètres : elles sont basées sur un seul indice qui est l'ordre du système. On va comparer au sein de ce chapitre les performances de ces méthodes avec celles des méthodes PEM (structure ARMAX dans le cas monovariable et structure ARX dans le cas multivariable).

Deux types de systèmes sont considérés, à savoir, un système monovariable et un système multivariable. Dans chacun de ces deux exemples on va étudier l'influence des paramètres de construction f et p sur la qualité de l'estimation de l'algorithme N4SID.

3.2 Etude d'un système monovariable

Considérons le système linéaire et invariant d'ordre 2 suivant, [Vib02] :

$$\begin{cases} x(k+1) = \begin{pmatrix} 1.5 & 1 \\ -0.7 & 0 \end{pmatrix} x(k) + \begin{pmatrix} 1 \\ 0.5 \end{pmatrix} u(k) + \begin{pmatrix} 0.1 \\ -0.12 \end{pmatrix} e(k) & (3.1.a) \\ \\ y(k) = \begin{pmatrix} 1 & 0 \end{pmatrix} x(k) + e(k) & (3.1.b) \end{cases}$$

où $u \in \Re^{1 \times 1}$ et $y \in \Re^{1 \times 1}$ sont l'entrée et sortie du système et $e \in \Re^{1 \times 1}$ est l'erreur d'innovation.

L'objectif de cette section consiste à comparer les performances des algorithmes des sous-espaces avec celles des algorithmes PEM dans le cas monovariable sur le système (3.1).

L'influence du nombre d'échantillons, du niveau de bruit et du choix des paramètres de construction f et p (méthodes des sous-espaces) sur la qualité des estimations, sont trois situations qui vont être successivement examinées.

3.2.1 Influence du nombre d'échantillons et du niveau de bruit

Considérons le système (3.1) tel que :

- l'entrée $u(k)$ est un signal binaire pseudo-aléatoire (SBPA) générée pour 500 échantillons;
- le bruit $e(k)$ est également une séquence binaire pseudo-aléatoire de variance σ^2 dans $\{0.01, 1\}$.

Le système (3.1) peut être représenté par une forme polynomiale de structure ARMAX dont les ordres de ses polynômes sont choisis respectivement $n_a = 2$, $n_b = 2$ et $n_c = 2$.

Il est, donc, possible d'identifier le système étudié par la méthode PEM structure ARMAX.

Choisissons l'algorithme des sous-espaces N4SID fournissant une présentation d'état du modèle identifié. Sachant l'ordre du système, deux paramètres doivent être choisis :
- l'indice f;
- et l'indice p.

Ces indices doivent vérifier la condition suivante :

$$f > n \quad \text{et} \quad p > n \tag{3.2}$$

pour assurer, par exemple, que $rang(\Gamma_f) \geq n$. On posera donc :

$$f = p = 3 \tag{3.3}$$

La figure 3.1 illustre, en fonction du nombre d'échantillons ($N=100$, $N=200$ et $N=500$) et pour une variance de bruit faible et égale à 0.01, les courbes de variation de l'erreur relative d'une réponse indicielle des modèles estimés, respectivement, par l'algorithme N4SID et par la méthode PEM (structure ARMAX) par rapport à la réponse indicielle du système réel (3.1). Tandis que la figure 3.2 montre les mêmes courbes pour les mêmes nombres d'échantillons mais pour une variance de bruit plus forte et égale à 1.

On observe bien sur ces figures que l'erreur relative s'améliore en fonction du nombre d'échantillons.

On remarque aussi, et pour les deux niveaux de bruit, qu'une nette amélioration est apportée par la méthode N4SID (cf. tableau 3.1).

3.2.2 Influence du choix des paramètres de construction

On a vu, au sein du chapitre précédent, que les indices f et p sont utilisées au sein des algorithmes des sous-espaces pour construire la matrice instrumentale qui doit être la moins corrélée que possible avec le bruit. Il est, donc, intéressant d'étudier l'influence du choix de ces paramètres sur la qualité de l'estimation.

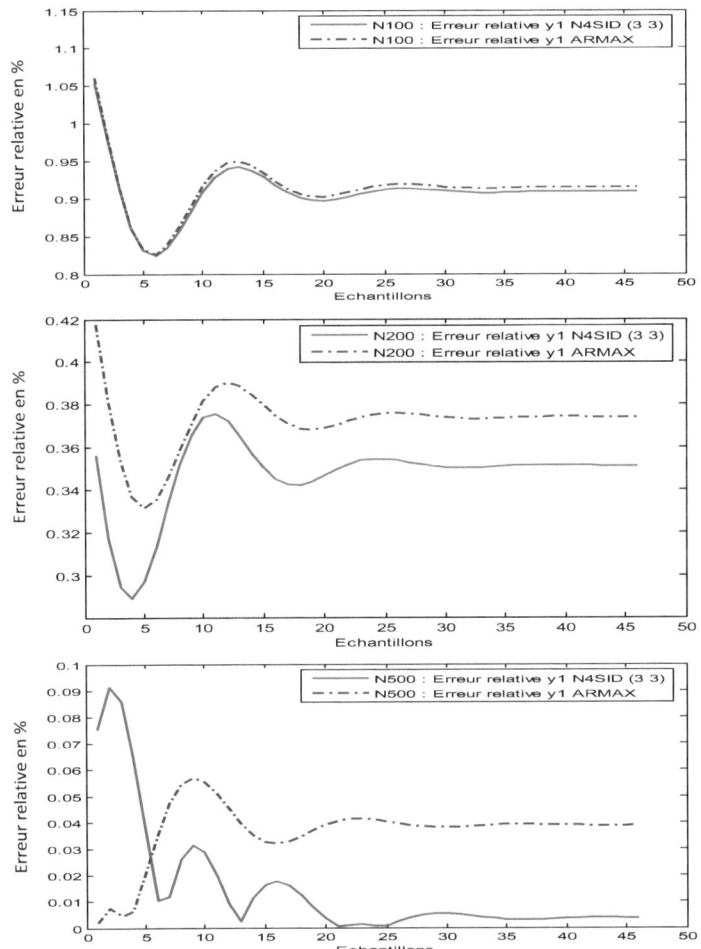

Figure 3.1 : Variation de l'erreur relative (%),
ARMAX et N4SID ($f = p = 3$), $\sigma^2 = 0.01$ (cas monovariable).

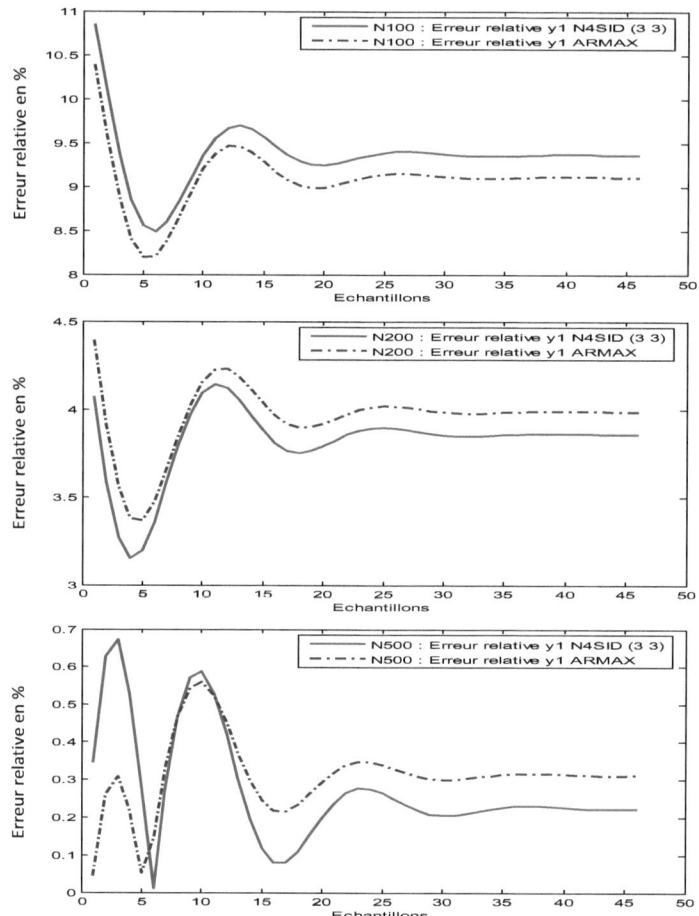

Figure 3.2 : Variation de l'erreur relative (%), ARMAX et N4SID ($f = p = 3$), $\sigma^2 = 1$ (cas monovariable).

	Valeur moyenne de l'erreur %					
	$\sigma^2 = 0.01$			$\sigma^2 = 1$		
	N=100	N=200	N=500	N=100	N=200	N=500
ARMAX	0.9136	0.3722	0.0367	9.0863	3.9534	0.3103
N4SID (3 3)	0.9080	0.3472	0.0145	9.3556	3.8162	0.2728

Tableau 3.1 : Valeur moyenne de l'erreur relative (%), ARMAX et N4SID ($f = p = 3$) (cas monovariable).

Reprenons de nouveau le système (3.1) et sans modifier les mesures. On a essayé tantôt de fixé l'indice f en variant l'indice p et tantôt de fixé l'indice p en variant l'indice f à condition de ne pas dépasser les valeurs maximales tolérées par l'algorithme N4SID du Matlab ($N > (m+l+1)(f+p)$) pour chaque nombre d'échantillons et pour chaque valeur de variance du bruit. Les courbes montrant les valeurs minimales de l'erreur relative pour chaque nombre d'échantillons et chaque valeur de variance du bruit sont illustrées successivement sur la figure 3.3 jusqu'à figure 3.8.

Ces courbes indiquent que le choix des paramètres de construction influe directement sur la qualité de l'estimation.

Le tableau 3.2, fait apparaitre les minimums globaux des courbes précédentes. Ce qui montre que l'algorithme N4SID donne des résultats performants si les paramètres de construction f et p sont bien choisis.

Conclusion

Cette analyse concernant l'influence du nombre des échantillons, le niveau de bruit et les paramètres de construction réalisée à l'aide d'un système simulé indique que les méthodes des sous-espaces peuvent être considérées comme une alternative logique aux techniques d'erreur de prédiction.

Bien qu'encourageante, cette conclusion doit également être validée sur un système multivariable.

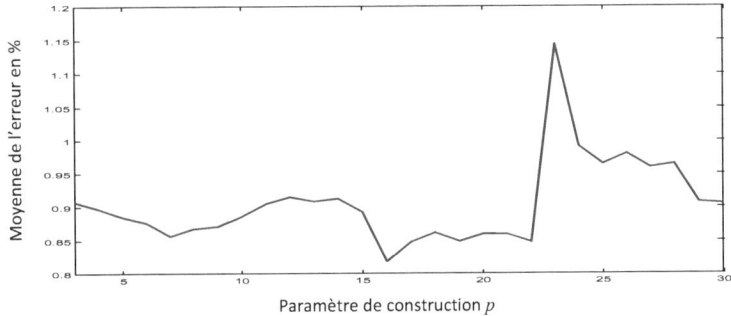

Figure 3.3 : Variation de la moyenne de l'erreur relative (%) pour $f = 3$ et $p \in [3, 30]$, $N = 100$ et $\sigma^2 = 0.01$.

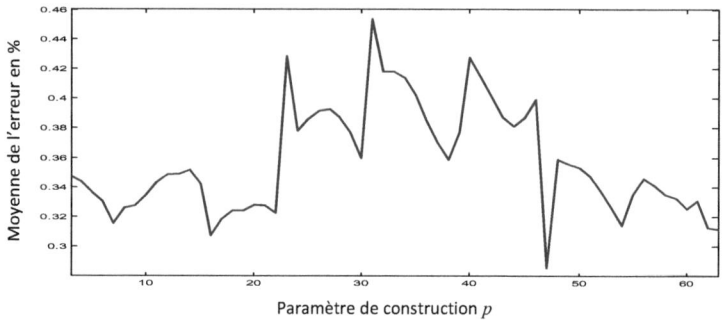

Figure 3.4 : Variation de la moyenne de l'erreur relative (%) pour $f = 3$ et $p \in [3, 63]$, $N = 200$ et $\sigma^2 = 0.01$.

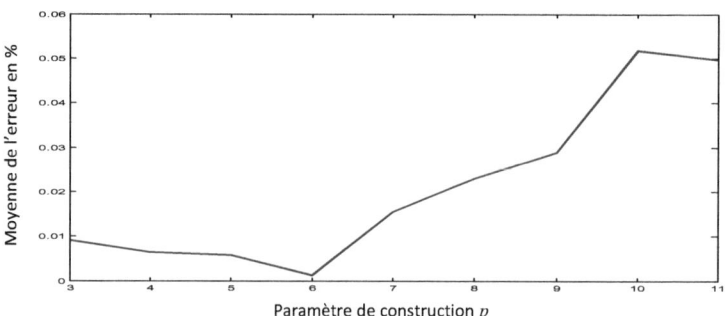

Figure 3.5 : Variation de la moyenne de l'erreur relative (%) pour $f = 155$ et $p \in [3, 11]$, $N = 500$ et $\sigma^2 = 0.01$.

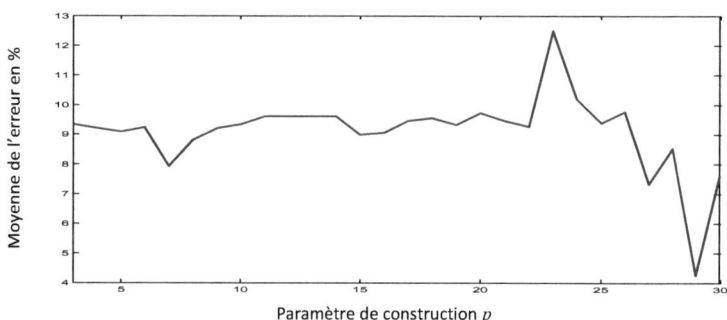

Figure 3.6 : Variation de la moyenne de l'erreur relative (%) pour $f = 3$ et $p \in [3, 30]$, $N = 100$ et $\sigma^2 = 1$.

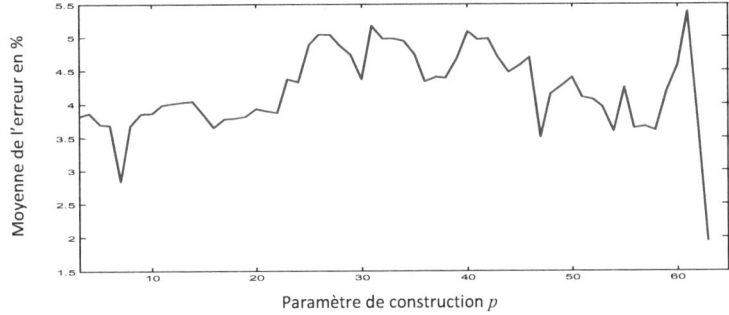

Figure 3.7 : Variation de la moyenne de l'erreur relative (%) pour $f = 3$ et $p \in [3, 63]$, $N = 200$ et $\sigma^2 = 1$.

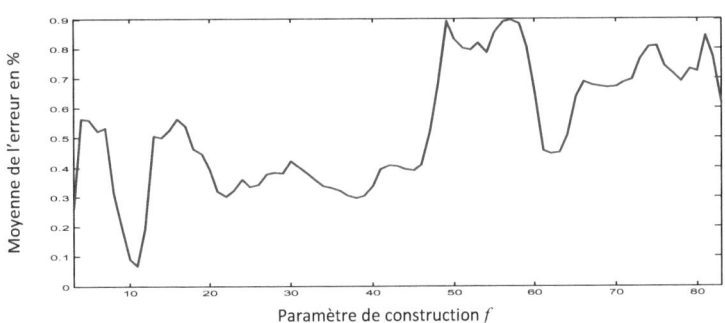

Figure 3.8 : Variation de la moyenne de l'erreur relative (%) pour $f \in [3, 83]$ et $p = 83$, $N = 500$ et $\sigma^2 = 1$.

	Valeur moyenne de l'erreur %					
	$\sigma^2 = 0.01$			$\sigma^2 = 1$		
	N=100	N=200	N=500	N=100	N=200	N=500
N4SID (03 16)	0.8184	-	-	-	-	-
N4SID (03 47)	-	0.2854	-	-	-	-
N4SID (155 06)	-	-	0.0014	-	-	-
N4SID (03 29)	-	-	-	4.2604	-	-
N4SID (03 63)	-	-	-	-	1.9399	-
N4SID (11 83)	-	-	-	-	-	0.0671

Tableau 3.2 : Minimums globaux de la valeur moyenne de l'erreur relative (%) obtenus par l'algorithme N4SID (cas monovariable).

3.3 Etude d'un système multivariable

Pour comparer les performances des méthodes des sous-espaces avec celles des méthodes PEM dans un cas multivariable, considérons le système multivariable d'ordre 4 suivant [Van96] :

$$\begin{cases} x(k+1) = \begin{pmatrix} 0.603 & 0.603 & 0 & 0 \\ -0.603 & 0.603 & 0 & 0 \\ 0 & 0 & -0.603 & -0.603 \\ 0 & 0 & 0.603 & -0.603 \end{pmatrix} x(k) + \begin{pmatrix} 1.1650 & -0.6965 \\ 0.6268 & 1.6961 \\ 0.0751 & 0.0591 \\ 0.3516 & 1.7971 \end{pmatrix} u(k) \\ \quad + \begin{pmatrix} 0.1242 & -0.0895 \\ -0.0828 & -0.0128 \\ 0.0390 & -0.0968 \\ -0.0225 & 0.1459 \end{pmatrix} e(k) \quad (3.4.a) \\ y(k) = \begin{pmatrix} 0.2641 & -1.4462 & 1.2460 & 0.5774 \\ 0.8717 & -0.7012 & -0.6390 & -0.3600 \end{pmatrix} x(k) + \begin{pmatrix} -0.1356 & -1.2704 \\ -1.3493 & 0.9846 \end{pmatrix} u(k) + e(k) \\ \hfill (3.4.b) \end{cases}$$

où $u \in \Re^{2 \times 1}$ et $y \in \Re^{2 \times 1}$ sont l'entrée et sortie du système. $e \in \Re^{2 \times 1}$ est l'erreur d'innovation dont sa matrice de covariance est donnée par :

$$\text{cov}(e) = \begin{pmatrix} 0.0176 & -0.0267 \\ -0.0267 & 0.0497 \end{pmatrix} \quad (3.5)$$

On a généré $N = 1000$ entrées et sorties du système. Les entrées $u(k)$ sont des bruits blancs de moyenne nulle et de variance unitaire.
Les entrées $e(k)$ choisis sont aussi des bruits blancs de moyenne nulle dont leur matrice de covariance est égale à celle donnée par l'équation (3.5).

Reprenons, de nouveau, l'algorithme des sous-espaces N4SID. Le fait que les méthodes des sous-espaces gèrent de manière équivalente les systèmes monovariables et multivariables dont seules les dimensions des matrices d'état du modèle sont modifiées (cf. chapitre 2), la connaissance de l'ordre permet d'identifier le système en choisissant les paramètres de construction à condition qu'elles vérifient la contrainte (3.2). On pose donc :

$$f = p = 5 \tag{3.6}$$

Pour pouvoir appliquer la méthode PEM à condition que tous les ordres des matrices polynomiales soient connus a priori, il faut préciser la structure du modèle.
Or pour représenter le système (3.4) sous forme de matrices polynomiales, un passage par la forme canonique s'avère nécessaire.
On suppose que la représentation par matrices polynomiales du système à pour structure ARX :

$$A(q^{-1})y(k) = B(q^{-1})u(k) + v(k) \tag{3.7}$$

avec $A(q^{-1})$ et $B(q^{-1})$ sont deux matrices polynomiales et $v(k)$ est un bruit approximativement blanc.
La détermination de la forme canonique de la partie déterministe est alors seule suffisante pour atteindre notre objectif.
Après tout calcul et par l'application de la procédure décrite dans [Rob04][1], la représentation canonique de la partie déterministe du système étudié a pour matrices :

$$\tilde{A} = \begin{pmatrix} 0 & 1 & 0 & 0 \\ -0.195 & -0.6918 & 0.9803 & 1.0144 \\ 0 & 0 & 0 & 1 \\ -0.2529 & 1.1404 & -1.4402 & 0.6918 \end{pmatrix}, \quad \tilde{B} = \begin{pmatrix} -0.3022 & -1.5256 \\ 0.3378 & -3.9271 \\ 0.4015 & -2.4812 \\ 1.3938 & 0.6063 \end{pmatrix} \tag{3.8}$$

$$\tilde{C} = \begin{pmatrix} 1 & 0 & 0 & 0 \\ 0 & 0 & 1 & 0 \end{pmatrix} \text{ et } \tilde{D} = D = \begin{pmatrix} -0.1356 & -1.2704 \\ -1.3493 & 0.9846 \end{pmatrix}.$$

Et finalement, la représentation par matrices polynomiales extraite de celle canonique est la suivante :

$$1 + A_1 y(k-1) + A_2 y(k-2) = B_0 u(k) + B_1 u(k-1) + B_2 u(k-2) + v(k) \tag{3.9}$$

avec :

---

[1] Cette procédure aboutit à une représentation par matrices polynomiales dont la forme est celle donnée par (3.7) avec : $A(q^{-1}) = 1 + A_1 q^{-1} + \cdots + A_{n_a} q^{-n_a}$ et $B(q^{-1}) = B_0 + B_1 q^{-1} + \cdots + B_{n_b} q^{-n_b}$

$$A_1 = \begin{pmatrix} 0.6918 & -1.0144 \\ -1.1404 & -0.6918 \end{pmatrix} \text{ et } A_2 = \begin{pmatrix} 0.1950 & -0.9803 \\ 0.2529 & 1.4402 \end{pmatrix}$$

$$B_0 = \begin{pmatrix} -0.1356 & -1.2704 \\ -1.3493 & 0.9846 \end{pmatrix}, \quad B_1 = \begin{pmatrix} 0.9727 & -3.4032 \\ 1.4895 & -1.7135 \end{pmatrix},$$

$$\text{et } B_2 = \begin{pmatrix} 1.0178 & -3.6785 \\ -0.5168 & 5.1592 \end{pmatrix}$$

On peut, donc, modéliser le système (3.4) sous forme d'une représentation de matrices polynomiales structure ARX dont les ordres sont les suivants :

$$n_a = \begin{bmatrix} 2 & 2 \\ 2 & 2 \end{bmatrix} \text{ et } n_b = \begin{bmatrix} 3 & 3 \\ 3 & 3 \end{bmatrix} \qquad (3.10)$$

L'estimation des matrices polynomiales est fondée, donc, sur l'utilisation de l'algorithme des moindres carrés simple.

Les résultats de l'estimation en variant le nombre d'échantillons (N=200, N=500 et N=1000) sont illustrés dans les figures 3.9, 3.10 et 3.11, et récapitulées dans le tableau 3.3 où l'erreur de prédiction (EP) est donnée par [FMO00] :

$$ep = 100.\frac{1}{l}\sum_{i=1}^{l}\sqrt{\frac{\sum_{k=1}^{N_v}(y_i(k)-y_i^e(k))^2}{\sum_{k=1}^{N_v}(y_i(k))^2}} \qquad (3.11)$$

avec : l est le nombre des sorties, N_v est le nombre des échantillons utilisées pour la validation, $y_i(k)$ est la sortie du système et $y_i^e(k)$ est la sortie de l'estimée.

Ces résultats indiquent que la qualité de l'estimation par l'algorithme N4SID est la meilleure pour tous les nombres d'échantillons. Tandis que le taux d'amélioration de l'estimée par la méthode PEM est faible malgré l'augmentation du nombre d'échantillons de 500 à 1000.

On a constaté au sein du paragraphe 3.2.1 que le choix des indices f et p influe fortement sur la qualité de l'estimation. Ce résultat reste valable aussi dans le cas multivariable (cf. tableau 3.4).

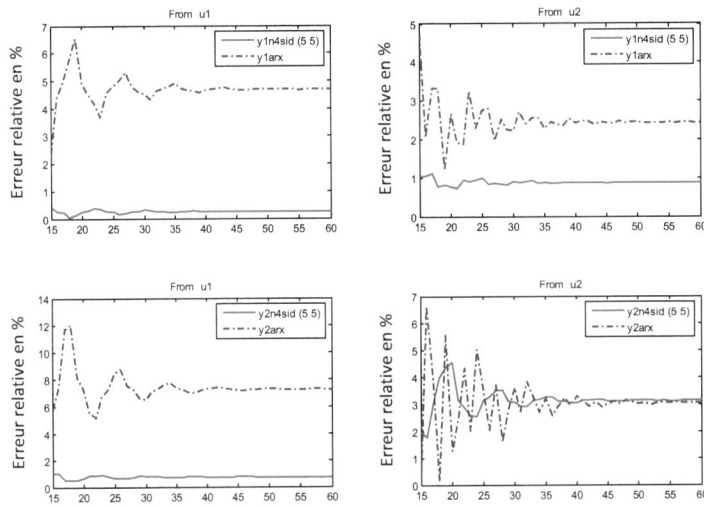

Figure 3.9 : Variation de l'erreur relative (%) $N = 200$,
ARX et N4SID ($f = p = 5$) (cas multivariable).

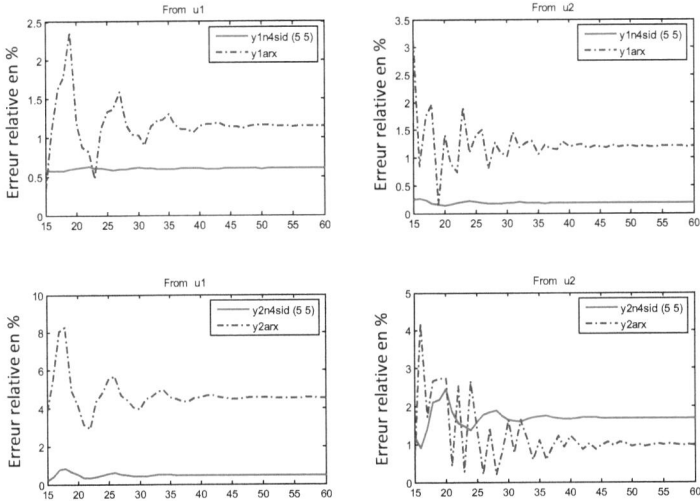

Figure 3.10 : Variation de l'erreur relative (%) $N = 500$,
ARX et N4SID ($f = p = 5$) (cas multivariable).

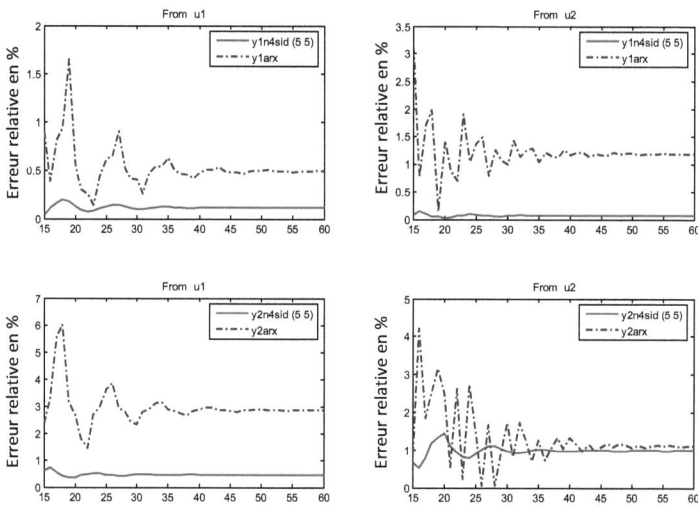

Figure 3.11 : Variation de l'erreur relative (%) $N = 1000$,
ARX et N4SID ($f = p = 5$) (cas multivariable).

		N=200		N=500		N=1000	
		VM$^{(*)}$	EP$^{(**)}$	VM	EP	VM	EP
ARX	y1u1	4.6794	2.1014	1.1669	1.8607	0.5356	1.7463
	y1u2	2.4990		1.2501		1.2280	
	y2u1	7.3836		4.6783		2.9596	
	y2u2	3.0531		1.2196		1.3113	
N4SID (5 5)	y1u1	0.2598	1.3722	0.5998	0.8819	0.1177	0.2059
	y1u2	0.8876		0.1915		0.0700	
	y2u1	0.7467		0.4790		0.4714	
	y2u2	3.1286		1.6882		0.9810	

Tableau 3.3 : Valeur moyenne de l'erreur relative (%) et erreur de prédiction (%),
ARX et N4SID ($f = p = 5$) (cas multivariable).

$^{(*)}$ Valeur moyenne de l'erreur relative.
$^{(**)}$ Erreur de prédiction.

		$N=200$		$N=500$		$N=1000$	
		VM	EP	VM	EP	VM	EP
N4SID (21 12)	y1u1	0.3383	0.7128	-	-	-	-
	y1u2	0.5655		-		-	
	y2u1	1.4514		-		-	
	y2u2	1.3714		-		-	
N4SID (05 61)	y1u1	-	-	0.6778	0.5016	-	-
	y1u2	-		0.0393		-	
	y2u1	-		0.0890		-	
	y2u2	-		0.7558		-	
N4SID (05 194)	y1u1	-	-	-	-	0.1461	0.1350
	y1u2	-		-		0.0384	
	y2u1	-		-		0.3906	
	y2u2	-		-		0.4369	

Tableau 3.4 : Minimums globaux de l'erreur de prédiction (%) et valeurs moyenne de l'erreur relative (%) obtenus par l'algorithme N4SID (cas multivariable).

3.4 Conclusion

Dans ce chapitre, on a comparé les performances des méthodes des sous-espaces (algorithme choisis N4SID) avec celles des méthodes PEM sur deux exemples de simulation, à savoir, un système monovariable et un système multivariable. De plus, un examen de l'influence des paramètres de construction f et p sur la qualité de l'estimation a été proposé. On conclut, d'après cette analyse, que :

- le nombre des échantillons influe plus sur la qualité de l'estimation de techniques des sous-espaces que sur celle de méthodes PEM ;
- le choix des paramètres de construction f et p est très intéressant et influe d'une façon considérable sur la consistance des estimées.

Conclusion générale

L'identification par l'approche des sous-espaces constitue la principale motivation de cet ouvrage. Ce travail a débuté par une synthèse des principaux algorithmes classiques fondés sur les moindres carrés. Cette analyse a permis de faire ressortir les limites de cette classe des méthodes d'identification. Elle a plus précisément montré que celles-ci sont liées à la structure même des modèles employés par cette approche classique : la fonction de transfert.

La forme d'état s'est avérée être une excellente alternative à la représentation polynomiale. L'éclosion, au début des années 90, des techniques d'identification des sous-espaces a permis d'exploiter au mieux l'approche d'état en identification. Ces méthodes estiment directement une réalisation quelconque de la représentation d'état d'un système, à savoir l'ordre et les matrices de la représentation d'état à une matrice de similarité près, à partir des mesures de ces entrées-sorties sans qu'elles nécessitent aucune phase initiale de choix de structure ou de forme canonique. Contrairement aux techniques d'estimation classiques qui ajustent des polynômes, les méthodes des sous-espaces ajustent un sous-espace vectoriel aux observations des entrées-sorties. Les sous-espaces en question sont intimement liés aux matrices A, B, C et D via la matrice d'observabilité étendue ou la matrice des séquences d'état. Ces techniques utilisent principalement des outils d'algèbre linéaire tels que la factorisation RQ et la décomposition en valeurs singulières. Elles gèrent de manière équivalente les systèmes monovariables et multivariables (seules les dimensions des matrices d'état du modèle sont modifiées).

Une étude comparative des performances des méthodes des sous-espaces avec celle des méthodes classiques sur des données de simulation a mis en évidence que le nombre des échantillons influe plus sur la qualité de l'estimation de premières techniques que sur celle de deuxièmes. Il a été démontré durant cette étude que les paramètres de construction f et p ont une influence importante sur la consistance des estimées. Ce dernier point peut ouvrir une perspective importante dont l'objectif est de fournir la façon dont on doit choisir f et p.

Le recensement des méthodes des sous-espaces jusqu'à la fin 2008 a montré que :
- ces dernières peuvent être modifiées pour qu'elles s'appliquent avec des bonnes performances dans l'identification des systèmes en boucle fermée ;
- des nouveaux algorithmes efficaces pour l'identification récursive ont été proposés ;
- un algorithme qui incorpore des informations a priori au sein des méthodes des sous-espaces a été également proposé ;
- des algorithmes des sous-espaces applicables dans le contexte continu ont été développés.

Il est à noter, aussi, que plusieurs perspectives de développements des méthodes des sous-espaces sont à citer. Elles concernent en particulier l'estimation de l'ordre du système en ligne et l'apport des algorithmes récursifs en commande adaptative et en commande optimale.

Bibliographie

[ABKM01] R. Ben Abdennour, P. Borne, M. Ksouri et F. M'sahli. « Identification et commande numérique des procédés industriels ». Collection Méthodes et Pratiques de l'Ingénieur, 2001.

[Bas96] Th. Bastogne, P. Sibille et A. Richard, « Identification des systèmes multivariables : méthodes des sous-espaces, Partie 1 : Etat de l'art ». Technique et science informatiques, Vol. 15-n° 6, 1996.

[BDRRZ01] P. Borne, G. Dauphin Tanguy, J.P. Richard, F. Rotella et I. Zambettakis, « Modélisation et identification des processus : Tome 2 ». Collection : Méthodes et Pratique de l'Ingénieur, 2001.

[FMO00] W. Favoreel, B. De Moor and P. Van Overschee, « Subspace state space system identification for industrial processes ». *Journal of Process Control*, Vol. 10, pp. 145-155, 2000.

[Lar90] W. E. Larimore. « Canonical variate analysis in identification, filtering and daptive control ». In 29th IEEE Conference on Decision and Control, Honolulu, Hawaii, USA, December 1990.

[Lju99] L. Ljung, « System identification : Theory for the user ». PTR Prentice Hall Information and System Sciences Series. T. Kailath, Series Editor, Upper Saddle River, Second edition, 1999.

[Mer04] G. Mercère, « Contribution à l'identification récursive des systèmes par l'approche des sous-espace ». PhD thesis, Université des Sciences et Technologies de Lille. Laboratoire d'Automatique, Génie informatique et Signal (LAGIS), 2004.

[MDVV89] M. Moonen, B. De Moor, L. Vandenberghe, and J. Vandewalle, « On and off line identification of linear state space models ». *International Journal of Control*, Vol.49, pp. 219-232, 1989.

[MOGG08] G. Mercère, R. Ouvrard, M. Gilson, H. Garnier. « Identification de systèmes multivariables à temps continu par approche des sous-espaces ». Journal Européen des Systèmes Automatisés, numéro spécial « Identification des Systèmes », 2008.

[Rob04] R. Guidorzi, « Multivariable system identification from observations to models ». Alma Mater Studiorum, Università degli studi di Bologna, Bononia University Press, ISBN 88-7395-021-3, 2004.

[Trn07] P. Trnka, « Subspace identification methods ». Doctoral thesis, PhD. programme, Electrical Engineering and Information Technology, Czech Technical University in Prague, Faculty of Electrical Engineering, Department of Control Engineering, 2007.

[Van96] P. Van Overschee, 1996.
ftp://ftp.esat.kuleuven.ac.be/pub/SISTA/vanoverschee/exemples/sta_demo.m

[Ver94] M. Verhaegen, « Identification of the deterministic part of MIMO state space models given in innovations form from input-output data ». *Automatica* 30, No. 1, pp. 61-74, 1994.

[VD92a] M. Verhaegen and P. Dewilde. « Subspace model identification part 1 : output error state space model identification class of algorithms ». International Journal of Control, Vol. 56, pp. 1187-1210, 1992.

[VD92b] M. Verhaegen and P. Dewilde. « Subspace model identification part 2 : analysis of the elementary output error state space model identification algorithm ». International Journal of Control, Vol. 56, pp. 1211-1241, 1992.

[VD94] P. Van Overschee and B. De Moor, « N4SID: Subspace algorithms for the identification of combined deterministic-stochastic systems ». *Automatica*, Vol. 30, No. 1, pp. 75-93, 1994.

[VD95] P. Van Overschee and B. De Moor, « A unifying theorem for three sub-space system identification ». *Automatica*, Vol. 31, No. 12, pp. 1853-1864, 1995.

[VD96] P. Van Overschee, B. De Moor, « Subspace identification for linear systems : theory, implementation, applications ». Kluwer Academic Publishers, 1996.

[Vib95] M. Viberg, « Subspace-based methods for the identification of linear time-invariant systems ». *Automatica*, Vol. 31, No. 12, pp. 1835-1851, 1995.

[Vib02]   M. Viberg, « Subspace-based state-space system identification ». *Circuits Systems Signal Processing*. Vol. 21, No. 1, pp. 23-37, 2002.

[VWO97]   M. Viberg, B. Wahlberg, and B. Ottersten. « Analysis of state space system identification methods based on instrumental variables and subspace fitting ». *Automatica*, Vol. 33, pp. 1603-1616, 1997.

Oui, je veux morebooks!

I want morebooks!

Buy your books fast and straightforward online - at one of the world's fastest growing online book stores! Environmentally sound due to Print-on-Demand technologies.

Buy your books online at
www.get-morebooks.com

Achetez vos livres en ligne, vite et bien, sur l'une des librairies en ligne les plus performantes au monde!
En protégeant nos ressources et notre environnement grâce à l'impression à la demande.

La librairie en ligne pour acheter plus vite
www.morebooks.fr

SIA OmniScriptum Publishing
Brivibas gatve 1 97
LV-103 9 Riga, Latvia
Telefax: +371 68620455

info@omniscriptum.com
www.omniscriptum.com

Printed by Books on Demand GmbH, Norderstedt / Germany